Business Data Science with

Python 5

Pythonによる
ビジネス
データサイエンス

Web
データ分析

笹嶋宗彦［編］

朝倉書店

シリーズ監修者

加藤直樹（兵庫県立大学大学院情報科学研究科/社会情報科学部）

編集者

笹嶋宗彦（兵庫県立大学大学院情報科学研究科/社会情報科学部）

執筆者（五十音順）

大島裕明（兵庫県立大学大学院情報科学研究科/社会情報科学部）

笹嶋宗彦（兵庫県立大学大学院情報科学研究科/社会情報科学部）

山本岳洋（兵庫県立大学大学院情報科学研究科/社会情報科学部）

湯本高行（兵庫県立大学大学院情報科学研究科/社会情報科学部）

まえがき

—本書のねらいと使いかた—

本書は，Web 上で公開されているデータを分析し，有益な知見を得るための基本技術を解説する。

インターネットは，1990 年代に World Wide Web が出現したことで，爆発的に普及した。今では，誰もがホームページを開設できるようになり，ブログで日常を公開したり，コミュニティを形成して情報を交換したり，さらには，物品の販売やサービス提供といったビジネスを Web 上で行うことも可能となった。これらインターネット上での活動の基盤である Web サイトの数は 2023 年 1 月の時点で約 11 億 [*1)] にもなっており，各サイトには，活動の結果として，大小さまざまな量のデータが蓄積されている。これらを分析することで，さまざまな知見を得ることができる。逆に，インターネット上でのさまざまな活動から生み出されたデータを分析し，それらの活動に新たな価値を与えるためには，Web から得られるデータを分析する技術が必須であると言える。

本書の著者らが所属する兵庫県立大学では，2019 年から社会情報科学部を創設し，現場重視の実践的データサイエンス教育を特徴とするカリキュラムを提供している。基礎的素養としての情報技術，数学や統計学を教育している他，生きたデータを現場に活かす能力は講義だけでは身に付かないため，政府・自治体等が有する統計データを有効活用したり，企業と連携協定を締結し，提携企業でのインターンシップやデータが入手しやすい体制を整えたりすることで，多様な業種における実践的な学びの機会を取り入れている。これらを通じて，データサイエンスの技能を用いて社会に新たな価値を与えるために必要な実践力を教育している。Web 上での経済活動も分析の対象であり，Web 広告を取

---

*1) `https://news.netcraft.com/archives/category/web-server-survey/`，2023 年 2 月 6 日アクセス

り扱う企業などと連携することによって業種ごとのデータの特徴とその獲得方法，および有効な処理方法を体感的に学ぶ機会を提供しているが，実際の講義時間は限られており，Web データの活用について，幅広く学ぶことは，特に学部教育だけでは難しい。本書は，無理なく入手可能なデータセットを用いつつ，Python を用いた Web データ分析を，幅広く体験的に学べるようにすることをねらいとする。読者としては，データサイエンスの初学者を想定している。各章とも，前半部分にはなるべく数式を使わずに，Web データ分析に必要な概念を解説している。実践的なデータサイエンスとそこで使われる技術について，概念的に理解をしたい場合には，各章の前半部分と，本書後半の，実用事例を読むことを勧める。

また，本書で学んだ読者については，ぜひ，各章の紹介技術を用いて，実際の Web からデータを取得し，実際のサイトの分析にチャレンジして欲しい。本書の各章で用いられたサンプルデータや，実行コードの全体については，本書サポートサイト [*2] を参照頂きたい。

本書の執筆分担は次の通りである。第 1 章は笹嶋が，Web データと問題解決について概観する。第 2 章は湯本が，本書に掲載のサンプルコードを実行する環境について説明する。第 3 章と第 4 章では，大島が，テキスト分析の基本技術について解説する。第 5 章は湯本が，ネットワークデータの分析について述べる。第 6 章と第 7 章では，山本が，評価データの分析と，その Web からの収集方法について解説する。また，第 5 章におけるネットワークデータ分析事例については，兵庫県立大学社会情報科学部一期生の新福一貴氏に実験協力を頂いた。ここに記して感謝の意を表す。

2023 年 8 月

笹 嶋 宗 彦

[*2] https://github.com/asakura-data-science/web-text

目　　次

Chapter 1
はじめに

イギリスの計算機科学者であるティム・バーナーズ＝リー卿 (Sir Tim Berners-Lee) が 1989 年に WWW (world wide web) を発明 [*1] し，最初の Web サイトである http://info.cern.ch を公開してから，およそ 30 年が経った。この間に，今や生活の一部として利用されているさまざまな Web サービスが立ち上がっている。

- Yahoo (1994)
- Amazon (1995)
- Google (1998)
- Facebook (2004)
- YouTube (2005)
- Instagram (2010)

Internet Live Stats[*2] によると，現在，全世界における Web サイトの数は，およそ 11 億になっている。固有のホスト名は 2017 年に最大で約 18 億となったが，それから年々減少し，2022 年 9 月では，ホスト数が約 11 億，さらに，アクティブなサイトの数は約 1 億 9 千万となっている。Web サービスの統廃合が進んだのであろうと推測される。2000 年代に入りその伸びが著しいのは，企業だけでなく，個人も Web サイトを作成して情報発信を始めるようになったことや，スマートフォンの普及で，多くの一般ユーザが SNS に参加してインター

[*1] WWW についてのプロポーザルを html 形式で保存したものが，https://www.w3.org/Proposal にて閲覧可能。また，最初の WWW プロジェクトについての提案は，TheWorldWideWeb(1991), http://info.cern.ch/hypertext/WWW/TheProject.html, 2021 年 8 月 3 日アクセス。

[*2] https://news.netcraft.com/archives/category/web-server-survey/, 2023 年 2 月 6 日アクセス。

ネット上で情報交換を行うようになったことの影響が大きいと考えられる。

以上のような背景のもと，さまざまな商取引や情報交換がWebを介して行われている現在，WWWの上で蓄積されるデータ (以下，Webデータ) を分析することで得られる知見は多い。さらに，Pythonの特徴として，Webからデータを取得し加工するためのライブラリが充実していることが挙げられる。

本書では，Pythonを用いて，Webデータを収集し，分析して，問題解決に結び付けるために必要な技術を紹介する。

1.1　分析環境の構築

第2章では，環境構築の方法について説明する。Webデータを分析するにあたって，技術的障害となるのが，日本語の処理である。たとえば，インターネット上で通信販売を行うサイトに蓄積されたWebデータを分析することを考える。顧客ごとに割り当てられた「お客様番号」は「A000111」,「氏名」は「山田太郎」,「商品購入価格」は「35000」，のように，1つの取引データは,「半角英数字」,「全角文字」などから成り立っている。そのうち「全角文字」については，コンピュータの内部で,「山田太郎」という文字列そのものではなく，個別の漢字に割り当てられた「文字コード」に変換され，処理されている。たとえば,「山田太郎」は，Shift-JISという文字コード体系によって，(山)142 82 (田)147 99 (太)145 190 (郎)152 89という文字コードにそれぞれ変換されている。さらに，文字コードには，Shift-JISの他，JIS，EUC，UTF-8など，日本語だけでも複数種類がある。

Webデータは，世界中のあらゆる人が作成し公開しているため，日本語の文字コードについては全データで統一されていないのが実情である。あらゆる文字コードに対応するようなデータ分析環境を構築することは，特に経験の浅い読者には困難であるために，本書では，統一した環境を利用することとした。

具体的には次のようにする。Pythonで日本語処理を行うためには，いくつかの「ライブラリ」(モジュール) をインストールする必要がある。しかし，Pythonそのものやライブラリにも，いくつか異なるバージョンがあるため，同じ情報を参考にしても正しく環境が構築できなかったり，同じプログラムコードを実行しても，結果が異なったり，そもそもエラーが発生して，日本語の処理ができないことがある。そこで本書では，自然言語処理の初心者が，こうした心配をせず，本来のデータ分析に集中できるよう，クラウドでの実行環境構築手順を説明する。

実行環境としては，Google Colaboratory を用いる。Google Colaboratory には，日本語の分析だけでなく，データ分析実行のために必要な最新のライブラリが提供されているため，読者は，各自のパソコンに，分析のための環境を個別に構築する必要はない。

1.2 Web データ分析と問題解決の例

言うまでもなく，Web データを分析するのは問題解決のためである。Web データに関するいくつかの典型的な問題と，それらの解決のための分析方法について概説する。

1.2.1 オープンデータ活用による問題解決

日本人全体の傾向を分析するような問題を考える。たとえば，主食には米，パン，麺などいくつか種類があるが，日本人が主に食べているものは変化しているのか？あるいは，自治体によって主食に違いはあるのか？のような問いに答える場合である。

近年，国や地方自治体などは，さまざまな調査に基づく統計データを公開し，その利用を奨励している。たとえば，市町村別の人口の分布，産業別の労働者人口，各家庭の消費の動向，公園や消火栓など公的設備の設置状況など，さまざまなデータがオープンデータとして公開されている。たとえば，e-Stat[*3)] は，国勢調査を始め，政府の調査による統計データを公開しており，利用者は必要なデータを MS-Excel 形式や CSV (comma separated value) と呼ばれるコンピュータプログラムが利用しやすい形式で入手可能である。

オープンデータを分析することで，さまざまな風説を検証したり，問題を解決

---

*3) https://www.e-stat.go.jp/

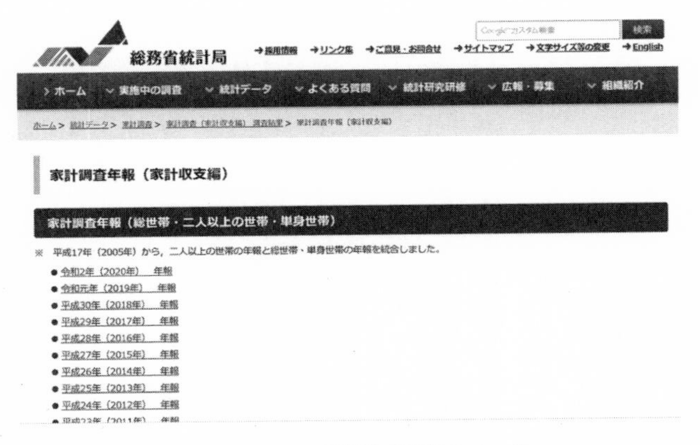

図 1.1 e-Stat 家計調査年報のページ

	調査年	世帯分類区分	地域分類区分	収支分類区分1	収支分類区分2	収支分類区分3	消費支出
0	2008	二人以上の世帯	全国	食料	乳卵類	乳製品	1139
1	2009	二人以上の世帯	全国	食料	乳卵類	乳製品	1190
2	2010	二人以上の世帯	全国	食料	乳卵類	乳製品	1214
3	2011	二人以上の世帯	全国	食料	乳卵類	乳製品	1240
4	2012	二人以上の世帯	全国	食料	乳卵類	乳製品	1379
5	2013	二人以上の世帯	全国	食料	乳卵類	乳製品	1428
6	2014	二人以上の世帯	全国	食料	乳卵類	乳製品	1512
7	2015	二人以上の世帯	全国	食料	乳卵類	乳製品	1582
8	2016	二人以上の世帯	全国	食料	乳卵類	乳製品	1728
9	2017	二人以上の世帯	全国	食料	乳卵類	乳製品	1743
10	2018	二人以上の世帯	全国	食料	乳卵類	乳製品	1762
11	2008	二人以上の世帯	全国	食料	乳卵類	卵	724

図 1.2 e-Stat からダウンロードしたデータの例[2)]

したりすることができる。前述の例で言えば，日本人は米を食べなくなってきており，いわゆる，コメ離れをしていると言われているが，これは本当だろうか？といった問いを考える。これはどのように確かめればよいだろうか？ e-Stat には，平成 17 (2005) 年以降，毎年家計を調査した結果が公開されている (図 1.1)。

ここから，食料品全体についての消費金額と，米についての消費金額とのデータをそれぞれダウンロードして，経年変化をグラフ化する．Excel 形式でダウンロードしたデータの一部を抜粋したものを図 1.2 に示す。このデータから，食料品全般についての消費金額の経年変化と，同じく米のそれとをグラフ化する

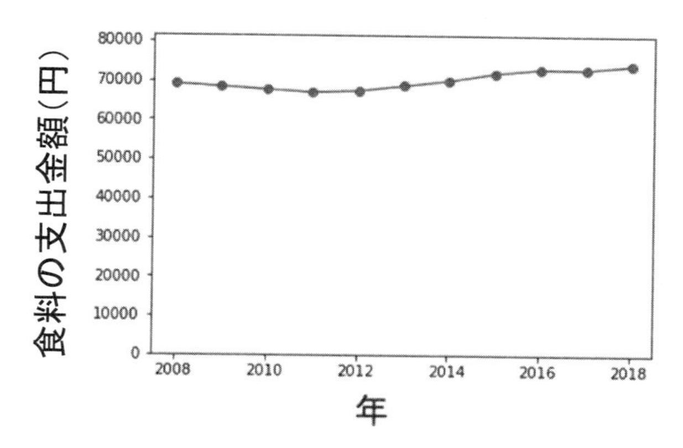

図 1.3 食料品全体についての消費金額の経年変化[2)]

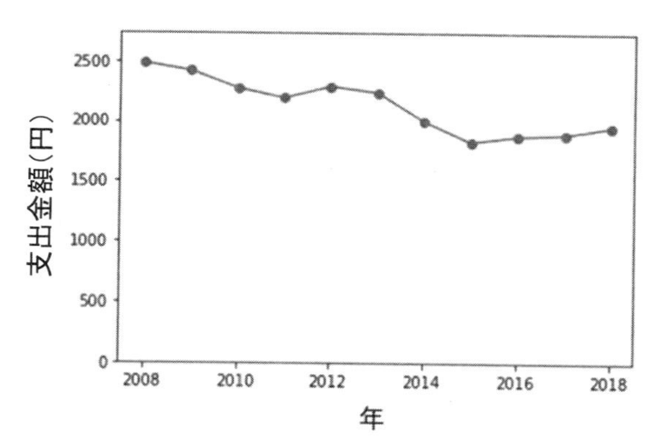

図 1.4 米についての消費金額の経年変化[2)]

と，図 1.3 および図 1.4 のようになる。

これらを見ると食料品全体の消費金額はほぼ横ばいであるが，米についての消費金額は年々減少している。ここから，日本人は食料品全体に対して米の消費金額を減らしており，コメ離れを起こしている可能性を読み取ることができる。

ただし，コメ離れが本当であるという仮説を検証するには，さらに多くの視点からデータを分析する必要がある。本シリーズ「Python によるビジネスデータサイエンス」の第 1 巻『データサイエンス入門』[2)] には，オープンデータを用いた仮説検証の方法 [*4)] が掲載されている。そちらを参照されたい。

---

*4) 第 4 章「より高度な分析 1：日本人の米離れは本当か？」

1.2.2 Web で公開されている文章の分析

前述の通り，近年，企業から個人まで，さまざまな主体がWWWで情報を提供するようになった。こうした情報には，人間が読むことが追い付かないようなスピードで生成され続けるものがある。たとえば，消費者向けの家電販売サイトや，ホテルの予約サービスなどでは，顧客からの評価をサービス改善に活かすことを目的として，購入者や利用者から「感想コメント」などを収集している。あるいは，こうした企業でなくとも，自社内で，業務報告書などを従業員から収集し，Webサービスを利用して社内で共有する企業もある。

人間が読むことが追い付かない文書については，プログラムで内容を要約したり，人間が分析できる形になるまで分析，視覚化する技術が必要となる。たとえば，ある実在する家電販売を手掛ける企業のカスタマーサービスセンターには，毎日3,000件以上の問い合わせがある。それを複数のオペレーターが受理し，各々で内容を記録して残すため，毎日3,000件以上の「報告書」が作成される。たとえば特定の製品Xについて，その開発責任者が，製品Xは評判が良いのか悪いのか判断しようとしても，目視ですべての報告書を読むことは不可能である。

1つの文章において，その文章にどのような単語がいくつ含まれているか，さらに，それらの中でどの単語がその文章を特徴付けている重要な意味を持つのかを統計的に分析することによって，文章を読まなくても，その文章全体が表す意味をつかんだり，文章を分類したりすることが可能となる。たとえば上記のカスタマーセンターの場合，製品Xに関する報告書だけを集めて，各報告書における単語の出現頻度の分析 (Bag of Words 分析) を行うことで，その製品について問題や関心のある機能が何であるのか，一目でわかる。

各社の製品情報や評判コメントをそのまま分析した事例を掲載することは著作権上できないので，Bag of Wordsの方法による分析のイメージを，文学作品やスピーチ原稿の分析例で説明する。Pythonによる分析方法の詳細は第3章で説明する。プログラミングが難しい場合は，たとえば，Webブラウザを用いて分析を行うサービスが図1.5のようなページ [*5] で提供されている。

---

*5) https://textmining.userlocal.jp/

図 1.5 Web 上で Bag of Words 分析を行えるサービスの例 (AI テキストマイニング)

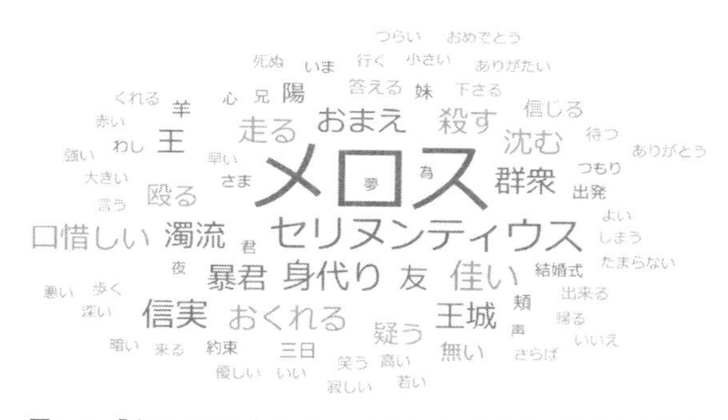

図 1.6 「走れメロス」を Bag of Words の方法で分析した結果

図 1.5 の「解析したいテキストを入力する」と書かれた空欄に，分析したいテキストをコピーして貼り付けると，そのテキストを Bag of Words の方法で分析することができる。たとえば，太宰治の「走れメロス」を分析にかけた結果 (同サービスでサンプルとして提供されている)*6) は，図 1.6 のようなワードクラウドで表現される。

ワードクラウドでは，出現する回数が単純に多いだけではなく，特定の文に集中的して出現している単語が，入力文章中で重要であると判定され，より大きく，より中央寄りに，表記される。図 1.6 のワードクラウドには，物語の重

*6) 2021 年 10 月 31 日アクセス。

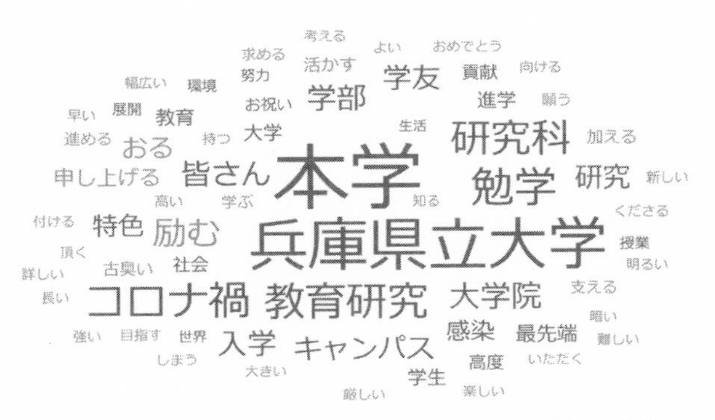

図 1.7 「学長祝辞」を Bag of Words の方法で分析した結果

要な人物や行為が，そのように表記されていることが読み取れる。

文学作品以外にも Bag of Words の方法での分析は有効である。脚注の URL*7) には，兵庫県立大学の学長による 2021 年の入学式の祝辞の原稿が掲載されている。全部で約 5,600 文字から成っており，これを短時間で読んで内容を要約することは，手間のかかる作業である。しかし，Bag of Words の方法で解析を行い，それをワードクラウドという形式で可視化すると，図 1.7 のようになる。この年の祝辞においては，新型コロナウィルスへの感染に注意しつつ学問や研究に励んでほしいというメッセージが浮かび上がる。

さらに，Bag of Words の分析結果に踏み込んで，出現頻度を数えた各単語の意味を分析することで，文章全体の表す意味を推測することも可能である。ある評価軸上 (例えば「満足度」の評価軸) で，入力された文章全体が，どちらに寄っているか分析することを，極性分析と呼ぶ。たとえば，ホテルの利用者アンケートを Bag of Words の分析にかけて，「清潔だ」，「気持ちがいい」，「嬉しい」などの肯定的な単語の出現頻度が高ければ，おそらくその文章全体は，満足度の評価軸において，利用者がホテルのサービスに満足したと考えることができる。逆に，「不潔な」，「感じが悪い」，「悲しい」などの否定的な単語の出現頻度が高ければ，その利用者はサービスに不満を持ったと推測される。

本節で述べた Web データの基本的な分析や可視化の手法については，第 3 章と第 4 章にて具体的に説明する。また，それらデータの中でも，事物の評価に

---

*7) https://www.u-hyogo.ac.jp/outline/about/shikiji/entrance210406.html

関わるデータの分析については，第 6 章で詳しく説明する。

1.2.3 ネットワークとして見た Web の分析

第 5 章では，Web をネットワークとして見た場合の分析について説明する。言うまでもなく Web ページには，利用者にとって有益な情報を提供しているページとそうではないページがある。ホームページを作成した経験のある人なら誰でも，自分の行う情報発信やサービスにとって有益なページにリンクを張り，自分の作成するページを補完したり価値を高めたりした経験があるだろう。

Google 社が検索結果の表示順位を決定するときに拠り所としている PageRank アルゴリズムは，「よいページは，よいページからリンクされている」という考え方を原則としている [*8]。

Web ページを頂点，それらの間のリンクを辺に置き換えると，Web ページの集合は，図 1.8 のようなグラフ構造を成している。図中の丸い印が Web ページ，それらの間の直線が，各ページ間のリンクを表現している。黒い丸印のページには，多くのページからリンクが張られており，これらは特に“重要な”ページであると考えられる。たとえば，前述の政府統計を利用して情報発信を行う Web ページの多くは，e-Stat にリンクを張るだろう。この場合，e-Stat が黒い丸印の Web ページに相当する。

また，このページランクの考え方は，Web ページの重要性の分析だけに限定されるものではない。たとえば，同じ図 1.8 において，グラフの頂点を SNS (social network service) に参加する個々のユーザ，辺を各ユーザ間のフォロー

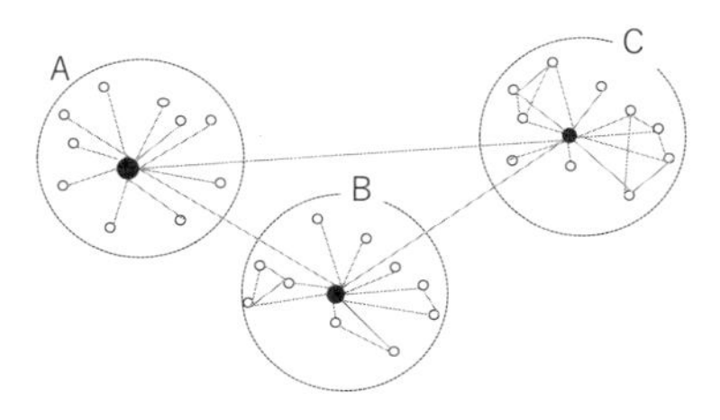

図 1.8 Web ページ同士の関係をグラフとして捉える

[*8] 実際に運用されているページランクアルゴリズムは非公開であり，本文中の“原則”にさまざまな例外対応規則が複雑に組み合わせられていると推測される。

関係[*9)]と置き換えると，黒丸印のユーザは多くのユーザにフォローされているため，その発信する情報がより多くのユーザに影響を与えることとなる。近年，SNS において多くのユーザに影響力のあるユーザのことをインフルエンサーと呼ぶ。

たとえばあなたが，自社の新商品を宣伝したい場合，Web ページで言えば，PageRank の高い Web ページに広告を掲載すれば，より多くの人の目にその広告が触れることとなる。また，SNS で言えば，インフルエンサーを探し出して依頼すれば，より多くの SNS ユーザにその広告が伝わることとなる。いずれの場合も，ランダムに広告媒体を選ぶより，効果的に商品の売り上げを伸ばせることは，容易に想像できるであろう。こうしたネットワーク分析技術の詳細については，第 5 章にて詳細に説明する。

1.2.4　Web データの収集方法

最後に，本書で解説する方法で，さまざまな Web データを活用するためには，まず初めに，分析対象となるデータを，Web ページから獲得する必要がある。本書の第 7 章では，Web からのデータの収集方法について解説する。

WWW で公開されている Web ページや Web 上のサービスからデータを収集するには，次の 2 つの方法がある。

- **スクレイピング**　Web ページをクローリングしてデータを収集し，解析して必要なデータを取得する
- **Web API を利用する**　Web サービスが提供するツールを用いてデータを取得する

前者については，クローラと呼ばれる，Web ページのデータを自動的に収集するプログラムを利用して，対象となるサイトをクローリングして行うことが一般的な方法である。ただし，Web ページの提供側が，クローリングを禁止したり，制限したりしている場合があり，その旨は通常，Web ページのソースコードに明記されているため，確認してから行う必要がある。また，そのような制

---

*9) SNS において他のユーザをフォローすることの意味はサービスごとに異なるため，ここでは説明を割愛する。

限が明記されていない場合でも，過剰な回数のクローリングが，対象のページが本来担っているサービスを妨げるような事があってはいけない。

後者については，Web サービスの提供者が公式に認めている方法であるため，特に注意する必要はないが，そもそも使用頻度に制限があったり，利用の仕方によっては，API の提供者に利用料金を支払う必要があったりするため，注意が必要である。たとえば代表的な Web サービスであり，SNS 分析の研究でよく利用されていた Twitter の API は，2023 年 3 月 30 日から有料になった。

文　　献

1) 消費者購買履歴データ QPR, `https://www.macromill.com/service/digital-data/consumer-purchase-history-data/`, 2023 年 5 月 17 日アクセス.

2) 笹嶋宗彦編 (2021). Python によるビジネスデータサイエンス 1 データサイエンス入門. 朝倉書店.

Chapter 2
サンプルコードの実行環境

本書のサンプルコードはサポートページ*1)にて配布しており，Google Colaboratory で実行することが可能である。なお，Colaboratory の使用には Google アカウントが必要である。Colaboratory のサービス内容やコードを実行したり読者がコードを開発したりする方法については，本書執筆時点とは異なっている可能性があるため，同社の公式技術サポートページ*2)を参照のうえ，最新の情報に基づいて，環境を設定したり，コードを実行したりすることを推奨する。

2.1 実行方法について

本書のサポートページで配布している ipynb ファイルを Google ドライブにアップロードしてダブルクリックすると，Colaboratory で開くことができる。図 2.1 のようにプログラムの書かれたセルにマウスカーソルを合わせると○の中に三角印のあるアイコンが左側に表示されるのでクリックすると実行できる。

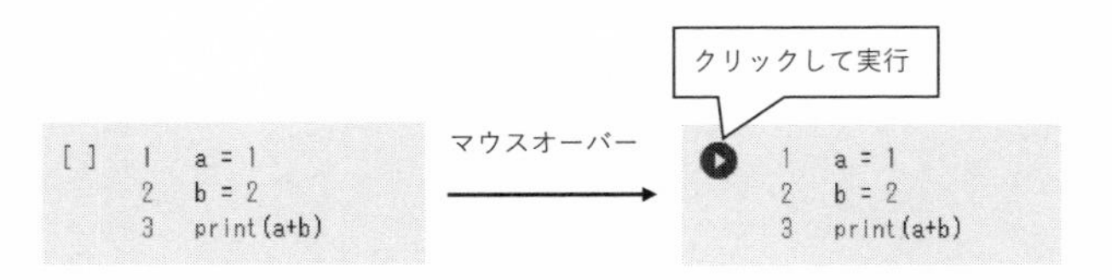

図 2.1 プログラムの実行方法

---

*1) https://github.com/asakura-data-science/web-text

*2) https://colab.research.google.com/

2.2　ipynb 以外のファイルへのアクセスについて

実行結果は自動的に ipynb ファイルに保存されるが，プログラム中で生成したファイルなどは基本的に保存されない。そのため，ファイルを保存するには仮想マシン上からダウンロードするか，保存先を Google ドライブにする必要がある。仮想マシン上のファイルには図 2.2 のように画面の左側のファイルアイコンからアクセスできる。ファイルをダウンロードする場合はファイルを右クリックして「ダウンロード」を選択するとダウンロードすることができる。また，Colaboratory からアクセスしたいファイルをここにドロップするとファイルをアップロードすることができる。

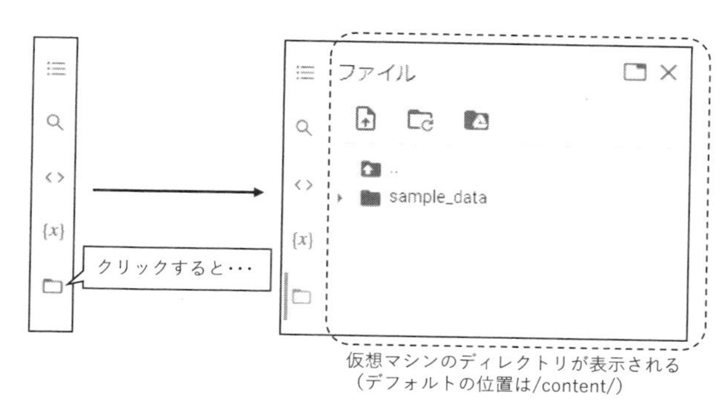

図 2.2　ipynb 以外のファイルへのアクセスについて

続いて，Colaboratory から Google ドライブにアクセスにする方法について述べる。この方法により，仮想マシンのディレクトリの 1 つとして Google ドライブにアクセスできるようになる。

まず，コード 2.1 を実行する。

コード 2.1　Google ドライブにアクセスするためのコード

```
1  from google.colab import drive
2  drive.mount("/content/drive")
```

このコードは画面の点線で囲まれた部分 (図 2.3) をクリックすることで追加することもできる。

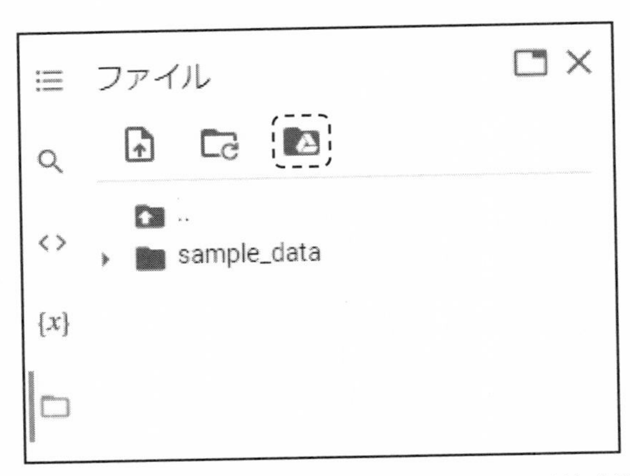

図 2.3　Google ドライブにアクセスするためのコードの追加方法

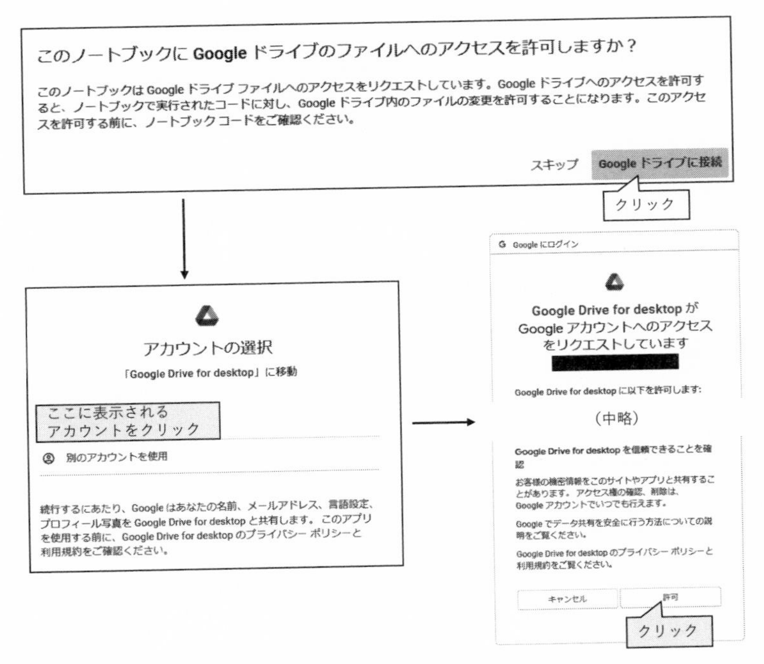

図 2.4　Google ドライブへのアクセス許可

このコードを実行すると図 2.4 のようなウインドウが表示される。ここで表示される指示に従ってクリックして，Google ドライブへのアクセスを許可す

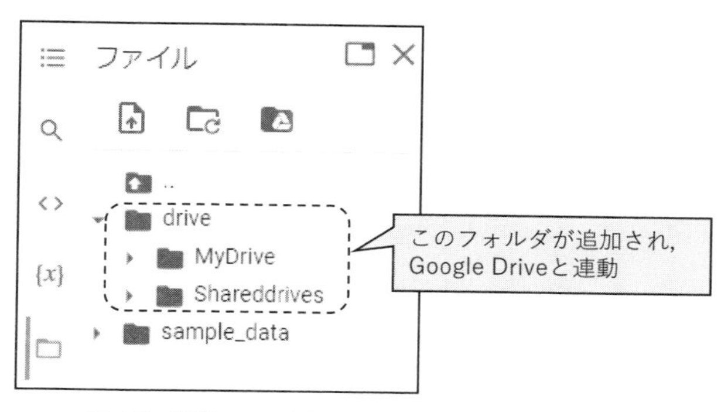

図 2.5　仮想マシンから Google ドライブへのアクセス

ると，仮想マシン上の「`/content/drive`」というディレクトリの中に Google ドライブの中身があるかのようにファイルを扱うことができる (図 2.5)。このディレクトリの中に新たにファイルを作成したり，既存のファイルを変更すると Google ドライブ上のファイルにも反映される。

Chapter 3

テキスト分析1：テキストのベクトル化

テキストとは，コンピュータ上で文字列として扱われるデータのことである。コンピュータにとっては文字は何らかの数値で表される記号であり，すなわち，文字列は記号の列ということになる。人間にとってはテキストは何らかの意味を表すものであるが，それをコンピュータに理解させることはなかなか難しい。本章と次章では，そのような「テキスト」を分析することを試みる。

本章では，特に，テキストをベクトルとして表現する方法について説明する。テキストをベクトル化することによって，類似度を計算することが可能になる。

3.1 テキスト分析の目的

我々は，さまざまな場面で，さまざまな文書を扱っている。コンピュータで扱う文書には画像，映像，音声などのマルチメディアが含まれることもあるが，文書の情報を表現するために中心的な役割を果たすのがテキストである。たとえば，仕事でもプライベートでも電子メールでテキストのやりとりを毎日のように行っている。最近では，電子メール以外でもメッセージアプリやグループウェアでのテキストでの会話も増えている。顧客からのさまざまな問い合わせ情報やアンケート結果をテキストで記録しているかもしれない。Web ニュースでも内容を伝える役割を果たしているのはテキストである。動画コンテンツに対して視聴者がテキストで反応を返すこともあれば，ネットショッピングの商品に対して購入者がテキストでレビューを返すこともある。

このように，我々の日常で多く扱われているテキストを分析するためにはどのような技術が必要だろうか。たとえば，商品のレビューのテキストを分析して，どのようなことが述べられているのかの概要を知りたいと考えたとする。

そこで，頻出する文字を調べてみると，おそらく，「の」や「を」という文字が該当することがわかるだろう。しかし，そんなことは我々が知りたいことではないだろう。コンピュータにおいてテキストは記号列にすぎないが，人によるテキスト分析ではテキストの意味を考えることが重要となる。そのため，まず行わなくてはならないことは，テキストの意味をコンピュータ上で表現することである。

人は，テキストを記号列としてではなく，語の列として捉えている。テキストの意味を扱うためには，まず，語を認識することから始めなくてはならない。語を認識しながらテキストをコンピュータ上で扱える表現にすることが，テキスト分析の第一歩であり，それによりテキストの概要を知るといった分析が行えるようになる。

次に必要となるのが，テキスト間の関係性についての計算を行うことである。テキスト間の関係性の中で，最もシンプルで最も重要なのが，類似性である。テキストの類似性を計算することは，テキスト検索，クラスタリング，既存カテゴリへの分類など，さまざまな応用における基本的技術である。

本章では実際のテキストを使って，意味を考えたテキストの表現や，テキスト間の類似性の計算，また，それらを利用した応用などについて述べる。まず，例題として用いるテキストを入手することから始めよう。ここで用いるのは livedoor ニュースコーパスというコーパスである。livedoor ニュースコーパスは，株式会社ロンウイットによって「livedoor ニュース」から抜粋して作成されたテキストコーパスである [*1)]。

配布元の Web ページで説明されているとおり，このコーパスは「livedoor ニュース」の中から，クリエイティブコモンズライセンスが適用されるものが収集されて作成されている。もともとは，Web ページで表示されるニュースであり，それは HTML で記載されているものであった。このコーパスでは，すでに HTML から本文のテキスト部分のみを抽出するといった処理がなされている。実際にダウンロードして，コンピュータ上に読み込んでみよう。

まず，本章で用いるフォントとモジュールを Google Colaboratory の環境に

---

*1) `https://www.rondhuit.com/download.html#ldcc`

インストールしよう。さらに，必要なモジュールのインポートを行おう。

コード 3.1　本章で用いるフォントとモジュールのインストール

```
1  !apt -y install fonts-ipafont-gothic
2  !pip install spacy[ja]
```

コード 3.2　本章で用いる各種モジュールのインポート

```
1  import os
2  import urllib.request
3  import tarfile
4  import math
5  import re
6  import unicodedata
7  import platform
8  import random
9  import glob
10 from tqdm import tqdm
11 import numpy as np
12 import pandas as pd
13 from spacy.lang.ja import Japanese
14 from wordcloud import WordCloud
15 from IPython.display import Image
16 from sklearn.feature_extraction.text import CountVectorizer
17 from sklearn.metrics.pairwise import cosine_similarity
18 from sklearn.feature_extraction.text import TfidfVectorizer
19 import matplotlib.pyplot as plt
20 from matplotlib.font_manager import FontProperties
```

コード 3.3　本章で用いる各種設定

```
1  # データを保持しておくフォルダ
2  DATA_DIR = "data"
3  # livedoor ニュースコーパスの URL
4  LDCC_URL = "https://www.rondhuit.com/download/ldcc-20140209.tar.gz"
5  # livedoor ニュースコーパスを保存するパス
6  LDCC_FILE = os.path.join(DATA_DIR, "ldcc-20140209.tar.gz")
7  # livedoor ニュースコーパスを解凍するフォルダ
8  NEWS_DIR = os.path.join(DATA_DIR, "text")
9  # データフレームを保存するCSV ファイル
10 CSV_PATH = os.path.join(DATA_DIR, "newsdf.csv")
```

コード 3.4　livedoor ニュースコーパスの入手と解凍

```
1  # データフォルダの作成を行う
2  os.makedirs(DATA_DIR, exist_ok=True)
```

```
3  # ファイルのダウンロードを行う
4  req = urllib.request.Request(LDCC_URL)
5  with urllib.request.urlopen(req) as res:
6      data = res.read()
7      with open(LDCC_FILE, mode="wb") as f:
8          f.write(data)
9  # ファイルの解凍を行う
10 with tarfile.open(LDCC_FILE) as tar:
11     tar.extractall(DATA_DIR)
```

すべてのニュース記事は，以下の 9 つのカテゴリのいずれか 1 つに属している。

- IT ライフハック
- MOVIE ENTER
- Peachy
- Sports Watch
- livedoor HOMME
- エスマックス
- トピックニュース
- 家電チャンネル
- 独女通信

データを解凍すると，これらのカテゴリに対応するフォルダの中に，ニュース記事がテキストファイルとして保存されている。ここではあらかじめフォルダの情報を用意してみよう。そして，カテゴリごとに作られたフォルダを 1 つずつ処理して，すべてのニュース記事を読み込んでみよう。なお，ニュース記事のテキストファイルで使われているエンコーディングは UTF-8 である。

コード 3.5 すべての記事のテキストファイルを読み込む

```
1  # livedoor ニュースコーパスのトピックとフォルダ名
2  category_names = ["IT ライフハック", "MOVIE ENTER", "Peachy",
3      "Sports Watch", "livedoor HOMME", "エスマックス",
4      "トピックニュース", "家電チャンネル", "独女通信"]
5  category_dirs = ["it-life-hack", "movie-enter", "peachy",
6      "sports-watch", "livedoor-homme", "smax", "topic-news",
7      "kaden-channel", "dokujo-tsushin"]
8
9  docs = []
```

```
10  for cat in category_dirs:
11      pattern = os.path.join(NEWS_DIR, cat, f"{cat}*.txt")
12      for src_file in sorted(glob.glob(pattern)):
13          with open(src_file, "r", encoding="utf8") as f:
14              url = f.readline().strip()
15              date = f.readline().strip()
16              title = f.readline().strip()
17              body = f.read().strip()
18          docs.append((cat, url, date, title, body))
```

今回読み込んだニュース記事の件数を調べてみよう。変数 num_docs に記事の件数を取得して，表示してみる。

コード 3.6　総記事数を表示する

```
1  num_docs = len(docs)
2  print(f"総記事数：{num_docs}件")
```

出力：

```
総記事数：7367 件
```

全部で 7,367 件であることがわかる。このままでは扱いづらいので，pandas の DataFrame にこのデータを格納しておこう。pandas は，データ分析でよく利用される，データ操作とデータ分析のためのライブラリである。今回は，表形式のデータを保存するため程度にしか利用しないが，さまざまな機能を持っているので，ぜひ，使えるようになっておきたい。さて，作成した DataFrame を使って，最初の何件かの記事を表示してみよう。

コード 3.7　DataFrame に格納して最初の 5 件の文書を表示する

```
1  df = pd.DataFrame(docs, columns=["category", "url", "date",
2                                   "title", "body"])
3  display(df.head())
```

DataFrame に格納された 1 件目の記事のタイトルを表示してみよう。Python では，1 件目はインデックス番号 0 で表されるため，以下のように指定することになる。

コード 3.8　インデックス 0 の文書のタイトルを表示

```
1  print(df.iloc[0]["title"])
```

出力：

```
旧式 Mac で禁断のパワーアップ！最新 PC やソフトを一挙にチェック
【IT フラッシュバック】
```

1件目の記事の本文を表示してみよう。

コード3.9 インデックス0の文書の本文を表示

```
1  print(df.iloc[0]["body"])
```

それでは，これらのニュース記事を使って，テキスト分析を行ってみよう。

3.2 文書の前処理

テキストはそのままだと分析することが難しいため，さまざまな前処理を行う必要がある。日本語には語の間を区切るスペースがないため，特に前処理が重要となる。また，Web上の文書には，URLが含まれていることがあるなど，特有な処理も必要となる場合がある。本節では文書の前処理を行い，コンピュータ上で文書がどのように把握できるかを見てみよう。

3.2.1 形態素解析による分かち書き

まずは，形態素解析という，日本語の分かち書きを行い，品詞の判別や，原形を求める処理を行ってみよう。本書では，形態素解析を行うために，spacyを利用する。

まず，1件目の記事，すなわち，インデックス0の文書のタイトルを形態素解析してみよう。

コード3.10 形態素解析の準備とその利用

```
1  # 形態素解析の準備
2  nlp = Japanese()
3  # インデックス0の文書のタイトルを形態素解析する
4  tokens = nlp(df.iloc[0]["title"])
5  print("トークン番号，表層形，品詞，品詞細分類，原形")
6  for token in tokens:
7      print(f"{token.i:>2}，{token.orth_}，{token.pos_}，{token.tag_}，
           {token.lemma_}")
```

出力：

```
トークン番号，表層形，品詞，品詞細分類，原形
 0，旧式，NOUN，名詞-普通名詞-形状詞可能，旧式
 1，Mac，NOUN，名詞-普通名詞-一般，MAC
 2，で，ADP，助詞-格助詞，で
```

```
3，禁断，NOUN，名詞-普通名詞-サ変可能，禁断
4，の，ADP，助詞-格助詞，の
(後略)
```

分かち書きを行うとともに，それぞれの語に対して，品詞などのさまざまな情報が得られるのがわかるだろう。これを用いて分かち書きを行う関数 tokenize を定義しておこう。

コード 3.11　関数 tokenize の定義

```
1 def tokenize(text):
2     tokens = nlp(text)
3     result = []
4     for token in tokens:
5         result.append(token.orth_)
6     return " ".join(result)
```

関数 tokenize は以下のようにして利用することができる。

コード 3.12　関数 tokenize の利用例

```
1 print(tokenize("すもももももももものうち。"))
```

出力：

```
すもも も もも も もも の うち 。
```

与えた文書が語ごとにスペース区切りされて得られるのがわかるだろう。

3.2.2 ワードクラウドによる文書の概要把握

それでは，この関数 tokenize を利用して，1 つの記事をワードクラウドで表示してみよう。ワードクラウドによって，語の出現頻度を反映させた図で文書の概要をつかむことができるようになる。

まず，ワードクラウドを作成し，ワードクラウドの画像を返す関数 show_wordcloud を定義する。

コード 3.13　関数 get_font_path の定義の例。インストールされているフォントファイルを指定する必要がある

```
1 def get_font_path():
2     # OS によってフォントを使い分ける
3     pf = platform.system()
4     if pf == "Windows":
5         return r"C:\Windows\Fonts\meiryo.ttc"
6     elif pf == "Darwin":
```

```
7            return "/System/Library/Fonts/ヒラギノ角ゴシック W3.ttc"
8        elif pf == "Linux":
9            return "/usr/share/fonts/opentype/ipafont-gothic/ipagp.ttf"
10       else:
11           raise RuntimeError("対応していません。")
```

コード 3.14 関数 show_wordcloud の定義

```
1  def show_wordcloud(words):
2      # 日本語フォントを取得する
3      font_path = get_font_path()
4      # 分割テキストからwordcloud を生成する
5      wordcloud = WordCloud(font_path=font_path, background_color="
           white")
6      wordcloud.generate(words)
7      # 表示する
8      wordcloud.to_file(f"./wordcloud.png")
9      display(Image(f"./wordcloud.png"))
```

インデックス 0 の記事を分かち書きして，実際にどのようなワードクラウドが作成されるか見てみよう。まず，関数 tokenize を利用して，本文の分かち書きを行う。最初の 100 文字だけ表示して，きちんと分かち書きが行えているかを確認してみよう。

コード 3.15 インデックス 0 の文書を分かち書きして最初の 100 語を表示する

```
1  words = tokenize(df.iloc[0]["body"])
2  print(words[0:100])
```

出力：

```
テレビ や Twitter と 連携 できる パソコン や ， プロセッサ や
切り 替わる パソコン など ， 面白い パソコン が 次 から 次 へ
と 登場 し た 。 旧式 Mac の 禁断
```

きちんと分かち書きが行えているようなので，先ほど定義した関数 show_wordcloud を show_wordcloud(words) のように実行し，ワードクラウドを表示してみよう (図 3.1)。

このワードクラウドを見て，このニュース記事の概要がわかるだろうか。小さく表示された語の中にはこのニュース記事の本質的な内容に関連する語があることが見られるだろう。一方で，大きく表示された語には助詞をはじめとする，内容にかかわらずよく使われる語が現れていると感じるのではないだろう

図 3.1　インデックス 0 の記事のすべての語によるワードクラウド

か。これでは，文書の特徴を上手く捉えることができているとは言えない。

3.2.3　テキストのクリーニングと品詞によるフィルタリング

これを改善するためには，いくつかのことを考えなくてはならない。まず，テキストの内容を表す語の品詞は，名詞，動詞，形容詞などが中心であり，助詞や助動詞のような補助的な語はテキストの内容を表す語としてはあまり適切ではない。そこで，内容を表すと考えられる品詞の語のみを残すということが考えられる。次に，分かち書きでは，日本語の動詞や形容詞のように活用形がある語は，文書中での出現形式が異なる場合がある。そこで，形態素解析の結果から，語の表層形ではなく原形を取得することを行う。

実際にこのような処理を行う前に，文書をもう少しクリーニングするということも必要となる。ここでは，以下のような処理を行うこととしよう。

- 全角・半角を揃えたり，丸で囲まれた文字などを同等の意味を持つ標準的な文字に変換したりするなど，標準化と呼ばれる操作を行う。
- テキストに含まれる URL を削除する。
- テキストに含まれる数値を 0 に統一する。
- 英語をすべて小文字 (ないしは大文字) にする。

今回は，英語の小文字化については今後の処理で行うことになるので省略する。これらの処理を行う関数 text_cleaning を定義しよう。

コード 3.16　テキストのクリーニングを行う関数 text_cleaning の定義

```
1  re_url = re.compile(r"https?://[;/\?:@&=\+\$,0-9A-Za-z\-_
```

```
      \.!~\*\'\(\)%#]+")
2 re_num = re.compile(r"\d([\d.,]?\d)*")
3
4 def text_cleaning(text):
5     # 互換等価性変換を実行する
6     text = unicodedata.normalize("NFKC", text)
7     # URL を削除する
8     text = re_url.sub("", text)
9     # すべての数値を 0にする
10    text = re_num.sub("0", text)
11    # 英語をすべて小文字にする場合は,次行のコメントを外す
12    #text = text.lower()
13    return text
```

テキストのクリーニングを行った結果を確かめてみよう。

コード 3.17 テキストのクリーニングの実行

```
1 text = text_cleaning(df.iloc[0]["body"])
2 print(text)
```

出力：

(前略)
NEC は 0 年 0 月 0 日，個人向けデスクトップパソコン「VALUESTAR」シリーズ 0 タイプ 0 モデルを 0 月 0 日より販売すると発表した。新商品では，よりパワフルになった録画機能に加え，TV 視聴・録画機能に業界で初めて人気の Twitter を連携させた「SmartVision つぶやきプラス」を追加するなど，TV パソコンならではの機能を搭載。
(後略)

このようにテキストのクリーニングを行い，さらに，文中に現れる語のうち，名詞，固有名詞，動詞，形容詞，副詞のみを抽出する関数 extract_words を定義してみよう。

コード 3.18 関数 extract_words の定義

```
1 def extract_words(text):
2     # テキストクリーニングを行った結果を形態素解析する
3     tokens = nlp(text_cleaning(text))
4     result = []
5     target_pos_set = set(("NOUN", "PROPN", "VERB", "ADJ", "ADV"))
6     for token in tokens:
7         # 対象となる品詞かどうかをチェックする
8         if token.pos_ in target_pos_set:
```

```
9               # 原形を取得する
10              result.append(token.lemma_)
11      return " ".join(result)
```

この新しく定義された関数 extract_words を利用して，先ほどと同様に 1 件目の記事のワードクラウドを作成して，表示してみよう。

コード 3.19　インデックス 0 の文書の名詞や動詞などのみを対象としてワードクラウドを表示する

```
1  words = extract_words(df.iloc[0]["body"])
2  show_wordcloud(words)
```

図 3.2　インデックス 0 の文書の名詞や動詞などのみによるワードクラウド

先ほどよりも，ニュース記事の内容の特徴を表す語が大きく表示されているのではないだろうか (図 3.2)。このように，ワードクラウドを用いることで，文書の内容をだいたいつかむことが可能となる。

3.2.4　文書集合に対する前処理の実行

記事のタイトルと本文をあわせた文書を作成し，それを関数 extract_words を利用して内容を表す語だけ取り出してみよう。分かち書きされた文字列は，DataFrame に words という列を追加して格納することとしよう。この処理は，すべての文書に分かち書きを行うため，非常に長く時間がかかる処理である。Google Colaboratory の環境においては，3 分程度かかると考えられるが，コンピュータの能力によってはその数倍の時間がかかることもある。この処理は，一度行ったら，二度と行いたくない処理なので，処理結果を保存することとする。作成された DataFrame を CSV ファイル形式で保存することにしよう。

コード 3.20　データフレームへの分かち書きデータの追加

```
1  # df["words"]に分かち書きを追加する
2  df = df.assign(words=(df["title"] + df["body"]).apply(text_cleaning).
       apply(extract_words))
3  # CSV ファイルに保存する
4  df.to_csv(CSV_PATH)
```

更新された DataFrame を見てみると，`words` という列が追加され，文書が分かち書きされて単語ごとにスペースで区切られているのがわかるだろう。以上で，データ取得と，とりあえずの前処理を終了とする。今後，このテキストデータに対して，さまざまな分析を行ってみよう。

3.3　語の出現頻度を基にしたテキストのベクトル化と類似度計算

テキスト分析の基本となるのは，テキストどうしの類似性を計算することである。文書と文書の類似性を計算することができれば文書のクラスタリングや文書の推薦などを実現することができるし，語や語集合と文書の類似性を計算することができれば文書の検索を実現することができる。いずれも，テキストどうしの類似性を計算することが課題となる。

前節では，テキスト分析を行う準備として，テキストの分かち書きを行った。本節では，分かち書きされたテキストをベクトル化することについて説明する。テキストをベクトルとして扱うことができれば，たとえば，ベクトルどうしのなす角のコサインを計算することによって，類似性を求めることができるようになる。何らかの方法でテキストから特徴量が抽出され，それを基にして作成されたベクトルは，特徴ベクトルと呼ばれる。

テキストから特徴ベクトルを作成する基本は，文書に出現した語の出現頻度を数え上げることにある。そこでは，ある文書を特徴付けるのはその文書に出現する語であるという考えと，より多く出現する語はよりその文書の特徴を表しているという考えを仮定とする。

3.3.1 語の出現頻度による特徴ベクトルの作成

それでは早速，分かち書きされたテキストから特徴ベクトルを作成してみよう。まず，それぞれの文書における，語の出現頻度を重みとする特徴ベクトルを作成してみよう。Scikit-learn に CountVectorizer というクラスが用意されているので，それを利用するのがよいだろう。

コード 3.21　語の出現頻度による特徴ベクトルの作成

```
1  # 語の出現頻度による特徴ベクトルを作成するクラスを用意する
2  vectorizer_count = CountVectorizer(token_pattern=r"(?u)\b\w+\b")
3  # 全文書を特徴ベクトル化する
4  vectors_count = vectorizer_count.fit_transform(df["words"])
```

CountVectorizer にはさまざまな設定があるが，今回は，token_pattern のみ設定している。この設定は，1 文字以上のスペース区切りされた文字を語として読み込むというものである。その他の設定がどのようになっているかは，メソッド get_params で取得することができる。

コード 3.22　CountVectorizer の設定の表示

```
1  display(vectorizer_count.get_params())
```

出力：

```
{'analyzer': 'word',
 'binary': False,
 'decode_error': 'strict',
 'dtype': numpy.int64,
 'encoding': 'utf-8',
 'input': 'content',
 'lowercase': True,
 'max_df': 1.0,
 'max_features': None,
 'min_df': 1,
 'ngram_range': (1, 1),
 'preprocessor': None,
 'stop_words': None,
 'strip_accents': None,
 'token_pattern': '(?u)\\b\\w+\\b',
 'tokenizer': None,
```

```
 'vocabulary': None}
```

これらのうち，いくつか重要な設定項目が存在しているので説明しておこう。

まず，min_df という設定があり，デフォルトでは1が設定されている。これは，文書集合中で，ほとんどの文書で出てこない語を無視するための設定である。ここで設定された値よりも小さい文書数でしか現れない語は無視される。min_df が1という設定は，あらゆる語を無視しないという設定である。

次に，lowercase が True という設定になっているが，これは，語を自動的に小文字に変換するというものである。たとえば，「CAT」と「cat」は，コンピュータにとっては全く別の記号列である。しかし，人はしばしば，「CAT」と「cat」をある同じ概念を表す同じ語の少し異なる表記であると考える。そこで，それらを同一視するために，あらゆる語を小文字にしてしまうということを行っている。このような操作が不都合な場合は lowercase を False に設定しておくとよいだろう。

最後に，token_pattern だが，今回は先述したとおりの設定を行ったが，デフォルトの設定では2文字以上の語しか対象としないようになっている。日本語では，1文字でも意味のある語がたくさんあるため上記の設定を行った。

テキストを特徴ベクトルにした結果は，変数 vectors_count に格納した。どのようなデータとなっているかを表示してみよう。

コード 3.23 文書の特徴ベクトルの変数の概要を確認する

```
1 display(vectors_count)
```

出力：

```
<7367x58719 sparse matrix of type '<class 'numpy.int64'>'
        with 1334431 stored elements in Compressed Sparse Row
        format>
```

変数 vectors_count は SciPy というモジュールで定義された疎行列のデータ型で特徴ベクトルの情報を保持している。行列の形は，7,367 行 58,719 列となっているが，これは，与えられた文書数が 7,367 で，語の種類数が 58,719 であることを示している。この語の種類数が文書を表す特徴ベクトルの次元数ということになる。すなわち，7,367 件のそれぞれの文書が，58,719 次元のベクトルとして表現されているということである。

各次元に対応しているのは語である。では，実際にどのような語が次元となっているのかを見てみよう。CountVectorizer には，メソッド get_feature_names があり，次元を表す語のリストを取得することができる。その中から，ランダムに 6 個の語を表示してみよう。

コード 3.24　どのような語が次元になったのかを取得する

```
vocabulary = vectorizer_count.get_feature_names_out().tolist()
# 語の種類数を表示する
print(f"語の種類数：{len(vocabulary)}")
# ランダムに 6語表示する
print(random.sample(vocabulary, 6))
```

出力：

```
語の種類数：58719
['神戸', '槍投げ', 'ステア', 'オーリー', '掛布', '博満']
```

先述したとおり，語の種類数は 58,719 である。ランダムに 6 個表示してみると，毎回表示される語は異なるが，たとえば，「神戸」，「槍投げ」など，さまざまな語が現れているのがわかるだろう。

次に，それぞれの文書にどのような語がよく出現しているかということを表示してみよう。以下では，インデックス 0 の文書において頻出する語を 5 個表示している。

コード 3.25　インデックス 0 の文書ではどのような語の出現回数が多いかを表示する

```
doc_id = 0
elements = zip(vectors_count[doc_id].data, vectors_count[doc_id].
    indices)
elements = sorted(elements, reverse=True)

# 出現回数が多い語と出現回数を表示
for i in range(min(len(elements), 5)):
    print(f"文書 ({doc_id})での「{vocabulary[elements[i][1]]}」の出現回数
        は{elements[i][0]}")
```

出力：

```
文書 (0) での「パソコン」の出現回数は 7
文書 (0) での「ソフト」の出現回数は 6
文書 (0) での「mac」の出現回数は 5
文書 (0) での「月」の出現回数は 4
文書 (0) での「日」の出現回数は 4
```

「パソコン」が7回,「ソフト」が6回,「mac」が5回, それぞれ出現していることがわかる。これらの語は, この文書の特徴を表していると言えるだろう。しかし,「月」や「日」は, さまざまなニュース記事で出現しそうな語であり, 特に, この文書特有の特徴であるとは言えないと考えられる。語の出現頻度で重み付けを行った場合には, このような問題があるということを覚えておいてほしい。

さて, ある語に着目したときに, どの文書で何回出現したかということにも関心があるかもしれない。そのような場合には, まず, ある語が何次元目であるのかを取得する必要がある。そして, 文書に対応する特徴ベクトルのその次元の値を調べる。

コード 3.26 「神戸」がどの文書で出現頻度が多いかを表示する

```
target_word = "神戸"
target_word_id = vocabulary.index(target_word)

# word が 1 回以上出現している文書のインデックスをすべて取得する
doc_ids = [i for i, v in enumerate(vectors_count) if target_word_id
    in v.indices]

elements = []
for doc_id in doc_ids:
    # その文書の特徴ベクトルを取得する。ただし, 粗行列表現である
    vector = vectors_count[doc_id]
    # 粗行列表現の何番目が与えられたword に対応しているかを求める
    word_id = vector.indices.tolist().index(target_word_id)
    # 与えられたword の出現頻度を取得する
    count = vector.data[word_id]
    # 並べ替える要素に追加する
    elements.append((count, doc_id))

# 出現回数が多い順に並べ替える
elements = sorted(elements, reverse=True)

# word の出現回数が多い文書のインデックスと出現回数を表示
for i in range(min(len(elements), 5)):
    print(f"文書 ({elements[i][1]})での「{target_word}」の出現回数は{
        elements[i][0]}")
```

出力：

```
文書 (3114) での「神戸」の出現回数は 6
文書 (1942) での「神戸」の出現回数は 6
文書 (5190) での「神戸」の出現回数は 5
文書 (1920) での「神戸」の出現回数は 5
文書 (2067) での「神戸」の出現回数は 4
```

実際に，「神戸」がよく出現している文書であるインデックス 3114 の文書の内容を見てみよう。タイトルと本文を表示してみると，確かに「神戸」が何度も出てきていることが確認できるだろう。

コード 3.27 インデックス 3114 の文書のタイトルと本文を表示する

```
1 print(df.iloc[3114]["title"])
2 print(df.iloc[3114]["body"])
```

出力：

```
なでしこ・INAC 神戸の大一番で最多観客動員更新なるか
2 日，大手スポーツ紙は，なでしこリーグ・INAC 神戸による「異例の
お願い」として，優勝が懸かった一番，今月 6 日にホームズスタジア
ム神戸で開催される日テレ・ベレーザ戦を目前に「3 万人ほど来てほ
しい」というチーム関係者のコメントを伝えた。
(後略)
```

任意のベクトルをワードクラウドで表示できるようにしておこう。

コード 3.28 関数 show_wordcloud_by_vector

```
1  def show_wordcloud_by_vector(vector, vocabulary):
2      # 日本語フォントを取得する
3      font_path = get_font_path()
4      # 語とその重みを表す辞書を作成する
5      vector_dict = {}
6      # ベクトルは疎行列で与えられる場合とndarray で与えられる場合を想定する
7      if not isinstance(vector, np.ndarray):
8          vector = vector.toarray()[0]
9      for word_id in vector.nonzero()[0]:
10         vector_dict[vocabulary[word_id]] = vector[word_id]
11     # 語とその重みを表す辞書からwordcloud を生成する
12     wordcloud = WordCloud(font_path=font_path, background_color="
           white")
13     wordcloud.generate_from_frequencies(vector_dict)
14     # 表示する
```

```
15        wordcloud.to_file("./wordcloud.png")
16        display(Image("./wordcloud.png"))
```

インデックス 3114 の文書のベクトルは，vectors_count[3114] で取得できるので，このベクトルをワードクラウドで表示してみよう。

コード 3.29 インデックス 3114 の文書のワードクラウドを表示する

```
1  show_wordcloud_by_vector(vectors_count[3114], vocabulary)
```

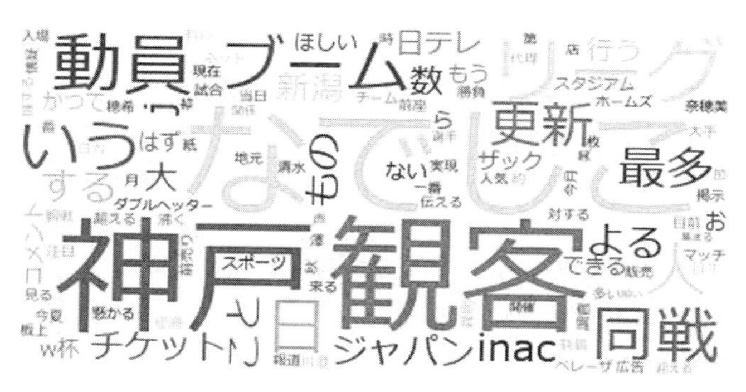

図 3.3 インデックス 3114 の文書のワードクラウド

「なでしこ」や「観客」とともに，「神戸」が大きく表示されていることがわかる (図 3.3)。

3.3.2 コサイン類似度による類似度計算

テキストのベクトル化ができたら，いよいよ類似度を計算することが可能となった。ここでは，特徴ベクトルの類似度として広く用いられている，2 つの特徴ベクトルのなす角のコサインを使った類似度計算を行ってみよう。コサイン類似度は以下の式で計算される。

$$\mathrm{CosineSimilarity}(\vec{a}, \vec{b}) = \frac{\vec{a} \cdot \vec{b}}{\|\vec{a}\|\|\vec{b}\|} \tag{3.1}$$

ここで，$\vec{a}$ や $\vec{b}$ は特徴ベクトルであり，今回は 58,719 次元のベクトルである。コサインは，これら 2 つの特徴ベクトルの内積を，それぞれのベクトルの長さ (L2 ノルム) で除算することで計算される。

Scikit-learn には，NumPy の多次元配列である ndarray や，SciPy の疎行列を対象として，コサイン類似度を計算する関数 cosine_similarity が用意されている。関数 cosine_similarity の引数は 2 つあり，それぞれ，ndarray や SciPy の疎行列を引数とする。ここで引数として与えるのは行列でなくてはならない。行列で表現された特徴ベクトルのリストが 2 つ与えられ，それらのリストのすべての組み合わせについてコサイン類似度を計算するというような機能を持つのが関数 cosine_similarity である。

このことを理解するために，まずは，関数 cosine_similarity で 2 つの文書のコサイン類似度を計算してみよう。このとき 2 つの引数には，それぞれに 1 つの文書の特徴ベクトルを与える。試しに，インデックス 0 の文書とインデックス 3114 の文書のコサイン類似度を計算してみよう。

コード 3.30　インデックス 0 の文書とインデックス 3114 の文書のコサイン類似度を計算する

```
1  cos = cosine_similarity(vectors_count[0], vectors_count[3114])
2  print(cos)
```

出力：

```
[[0.1268773]]
```

これらの記事のコサイン類似度が，約 0.127 という値であるということがわかるだろう。コサイン類似度は，特徴ベクトルの作成方法によって全体的に高くなったり低くなったりするので，この類似度についても相対的にしか判断することはできないが，ここでは，あまり類似度は高くないと考えておいてもらうとよいだろう。

関数 cosine_similarity から返された値を表示しているが，調べてみるとコサイン類似度の値が 1 行 1 列の ndarray に格納して返されていることがわかる。今後，柔軟に関数 cosine_similarity を利用できるようになるために，もう少し詳しくこのコードについて調べてみよう。文書のベクトルの取得をどのように行っているかというと，たとえば，インデックス 3114 の文書のベクトルは vectors_count[3114] で取得できる。では，vectors_count[3114] がどのように表現されているのかを確認してみよう。

コード 3.31　インデックス 3114 の文書の特徴ベクトルの概要を表示する

```
1  display(vectors_count[3114])
```

出力：

```
<1x58731 sparse matrix of type '<class 'numpy.int64'>'
        with 109 stored elements in Compressed Sparse Row
        format>
```

このように，vectors_count[3114] は 1 行 58,719 列の疎行列として表現されていることがわかる。これを，行列ではなくベクトルとして取り出す必要がある場合には，一度，ndarray に変換する必要がある。ndarray に変換するためには，疎行列がもつメソッド toarray を利用する。メソッド toarray で得られるのは，1 行 58,719 列の行列となる。そして，その 1 列目のみ，すなわち，インデックス 0 の部分を取得することで，ベクトルを取り出すことが可能である。実際に，疎行列からベクトルを取り出して変数 v3114 に代入してから，それを表示してみよう。

コード 3.32 インデックス 3114 の文書の特徴ベクトルを ndarray で取得する

```
v3114 = vectors_count[3114].toarray()[0]
print(v3114)
```

出力：

```
[0 0 0 ... 0 0 0]
```

このベクトルのほとんどの成分は 0 であるため，表示される部分には 0 しか見られないかもしれない。実際にはいくつかの次元には 0 より大きな値を持っている。同様にして，インデックス 0 のベクトルは，vectors_count[0].toarray()[0] で取得することができる。その値を変数 v0 に代入しておこう。さて，このようにベクトルを取得することができるのだが，関数 cosine_similarity は引数に行列を取る。そのため，これらのベクトルのコサイン類似度を求めるためには，これらのベクトルを行列として表現しなくてはならない。これらのベクトルをそれぞれ単独で要素とするリストを作ることで，関数 cosine_similarity に与える引数を作ることが可能である。具体的には，v0 と v3114 のコサイン類似度の計算には以下のように書けばよい。

コード 3.33 インデックス 0 の文書とインデックス 3114 の文書の特徴ベクトルからコサイン類似度を計算する

```
print(cosine_similarity([v0], [v3114]))
```

出力：

```
[[0.1268773]]
```

以上で，先ほどと同様にインデックス 0 の文書とインデックス 3114 の文書のコサイン類似度の計算を行うことができた。

関数 cosine_similarity の基本的な使い方がわかったところで，もう少し応用的な使い方をしてみよう。先ほど，「神戸」を含む文書がいくつか得られたが，それらの文書のお互いの類似度を計算してみよう。対象とするのは，インデックス 3114，1942，1920，2067，3128 の 5 つの文書である。それらの 5 つの文書のすべての組み合わせについてコサイン類似度を計算するには以下のようにする。関数 cosine_similarity の返値は ndarray だが，そのまま表示すると少し見にくいかもしれないので pandas の DataFrame にして表示している。

コード 3.34　5 つの文書のすべての組み合わせについてコサイン類似度を計算する

```
1  doc_ids = [3114, 1942, 1920, 2067, 3128]
2  sim_matrix = cosine_similarity(vectors_count[doc_ids],
                                  vectors_count[doc_ids])
3  display(pd.DataFrame(sim_matrix, index=doc_ids, columns=doc_ids))
```

表 3.1　5 つの文書のすべての組み合わせについてコサイン類似度を計算した結果

	3114	**1942**	**1920**	**2067**	**3128**
3114	1.000000	0.221527	0.211197	0.167141	0.375089
1942	0.221527	1.000000	0.981906	0.559647	0.096418
1920	0.211197	0.981906	1.000000	0.577932	0.089975
2067	0.167141	0.559647	0.577932	1.000000	0.091704
3128	0.375089	0.096418	0.089975	0.091704	1.000000

すべての文書間のコサイン類似度が計算され，5 行 5 列の行列で返ってきていることがわかる。対角成分を見てみると，すべて 1 となっているのがわかるだろう。これは，同じ文書の特徴ベクトルのなす角は 0 度であるため，コサイン類似度が 1 になることを示している。また，この行列が対称行列になっていることもわかるだろう。これは，コサイン類似度の計算においては，計算に用いる 2 つのベクトルの順序は問わず，対称性を持っているためである。

これらの記事は実際にどのようなものだったのか，タイトルを表示してみよう。

コード 3.35　5 つの記事のタイトル (最初の 25 文字) を表示する

```
1  for doc_id in doc_ids:
2      print(f"{doc_id}: {df.iloc[doc_id]['title'][:25]}")
```

出力：

```
3114: なでしこ・INAC神戸の大一番で最多観客動員更新な
1942: 神戸コレクション′ 10S/S写真集 vol.1
1920: 加藤夏希，マリエによる“おんなのこ革命。” 神戸コ
2067: 藤井リナ，加藤夏希らが贈る“ラブ&スマイル” 神戸
3128: なでしこリーグ王者に入団する「かわいすぎるトリオ」
```

対角成分を除くと，最も大きい値は約0.982であり，これはインデックス1942の文書とインデックス1920の文書から得られている。2つのニュース記事を確認すると，ともに「神戸コレクション2010 SPRING/SUMMER」についての記事であることがわかる。それだけでなく，実は，タイトルと関連サイトが異なるだけで，5つの段落からなるニュース記事の本体は全く同じである。そのようなほぼ同じ記事どうしのコサイン類似度が，約0.982と非常に高いものと計算されていることがわかった。

インデックス3128の文書は「なでしこリーグ」についてのニュース記事である。同じように「なでしこリーグ」についてのニュース記事であるインデックス3114の文書とはコサイン類似度が約0.378であり，インデックス3128の文書にとって最も類似する文書となっている。一方，「神戸コレクション2010 SPRING/SUMMER」についてのニュース記事であるインデックス1920の文書とはコサイン類似度が約0.090と非常に小さくなっていることがわかる。

どうやら，コサイン類似度で，うまく文書の類似性を計算することができているということが見られたのではないだろうか。

3.3.3 新しい文書のベクトル化と簡易検索システム

ここまでで，文書を語の種類数を次元とする特徴ベクトルとして表現することができるようになった。それぞれの次元の重みは，語の出現頻度となっており，超高次元の特徴ベクトルであると言える。では，新しい文書が現れたときにはどうすればよいだろうか。もしくは，Web検索エンジンのように，キーワードで検索を行いたい場合にはどうすればよいだろうか。

`CountVectorizer`には，現在の特徴ベクトルの空間上で，新しく与えられた文書を特徴ベクトルにする機能がある。以下のように2つの新しい文書があっ

たとして，これらから現在の CountVectorizer のベクトル空間での特徴ベクトルを取得してみよう。

コード 3.36　2 つの新しい文書

```
newdocs = [
    "今日は朝から晴れています。",
    "明日は霧雨が降るそうです。"
]
```

これらの文書から，まず，以前定義した関数 extract_words を利用して，内容を表す語だけ取り出そう。

コード 3.37　2 つの新しい文書から語の抽出を行う

```
newdocs_words = list(map(extract_words, newdocs))
print(newdocs_words)
```

出力：

```
['今日 朝 晴れる', '明日 霧雨 降る']
```

語がスペース区切りされた状態にすることができた。2 つの新しい文書からは，それぞれ，「今日」,「朝」,「晴れる」という 3 語と，「明日」,「霧雨」,「降る」という 3 語が取り出されたことがわかる。現在の CountVectorizer のベクトル空間での特徴ベクトルを取得するというのは，これらの語が現在のベクトル空間においてどの次元かをきちんと対応付けするということである。そのために，CountVectorizer のメソッド transform を利用する。

コード 3.38　2 つの新しい文書の特徴ベクトルを取得する

```
newdocs_vectors = vectorizer_count.transform(newdocs_words)
print(newdocs_vectors)
```

出力：

```
  (0, 32656)	1
  (0, 44274)	1
  (0, 44663)	1
  (1, 44060)	1
  (1, 57033)	1
```

このようにして特徴ベクトルを取得すると，既存の文書と同じベクトル空間での特徴ベクトルとなる。同じベクトル空間というのは，対応する次元が同じ意味を持つということである。よって，得られた特徴ベクトルは，既存の文書の特徴ベクトルとの演算を行うことが可能であり，たとえば，コサイン類似度を計算することができる。これらの特徴ベクトルがどのようになっているかをみてみよう。

コード 3.39 新しい文書における語と出現頻度を表示する

```
1 for i in range(len(newdocs)):
2     vector = newdocs_vectors[i]
3     for count, word_id in zip(vector.data, vector.indices):
4         print(f"新しい文書 ({i})での「{vocabulary[word_id]}」の出現頻度は
              {count}")
```

出力：

```
新しい文書 (0) での「今日」の出現頻度は 1
新しい文書 (0) での「晴れる」の出現頻度は 1
新しい文書 (0) での「朝」の出現頻度は 1
新しい文書 (1) での「明日」の出現頻度は 1
新しい文書 (1) での「降る」の出現頻度は 1
```

新しい文書である「明日は霧雨が降るそうです。」からは，「霧雨」が得られていたが，作成された特徴ベクトルでは現れていないことがわかる。CountVectorizer は，メソッド fit が実行されたときに与えられた文書集合において出現したすべての語が記録されている。そして，それらの語が世界に存在するすべての語であると扱って，文書集合の特徴ベクトル化を行う。そのため，メソッド transform によって特徴ベクトルを作成しようとした文書の中に，全く新しい語が出現したとしても，その語に対応する次元を新たに増やすということはできない。「霧雨」は，メソッド fit が実行された際に与えられた文書集合に存在していなかったため，扱うことができないということである。

さて，このような方法を使って，簡易検索システムを作ってみよう。簡易検索システムには，キーワードをスペース区切りした文字列を検索クエリ (問い合わせ) として与えることができるようにしよう。

コード 3.40 簡易検索システムを実現する関数 search_by_query を定義する

```
1 def search_by_query(query, vectorizer, vectors):
2     print("■■■■■■■■■■■■検索■■■■■■■■■■■■■■")
3     # クエリ文字列の前処理を行い，ベクトル化する
4     query_words = extract_words(query)
5     query_vector = vectorizer.transform([query_words])
```

```
6      print("検索クエリ: {}".format(query_words))
7
8      # クエリのベクトルとすべての文書のコサイン類似度を求める
9      sims = cosine_similarity(query_vector, vectors)
10     # コサイン類似度と,文書インデックスのペアを作成する
11     sim_idx_pairs = zip(sims[0], range(vectors.shape[0]))
12     # コサイン類似度が高い順にソートする
13     ranking_result = sorted(sim_idx_pairs, reverse=True)
14
15     # 検索結果のトップ 3件を表示する
16     print("■■■■■■■■■■検索結果■■■■■■■■■■■")
17     for i in range(3):
18         cos = ranking_result[i][0]
19         doc_id = ranking_result[i][1]
20         print(f"＝＝＝＝＝＝＝＝＝＝＝第{i+1}位＝＝＝＝＝＝＝＝＝＝＝")
21         print(f"★記事ID：{doc_id}／コサイン類似度：{cos:.3f}")
22         print(df.iloc[doc_id]["url"])
23         print(df.iloc[doc_id]["title"][:25])
```

関数 search_by_query の 4 行目と 5 行目で，与えられた検索クエリをこのベクトル空間での特徴ベクトルに変換している。その後，すべての文書とのコサイン類似度を計算し，それらを降順に並べ替えている。最後に，トップ 3 件を表示する処理を行っている。

この簡易検索システムを利用して，「グルメ レストラン」という検索クエリで検索を行ってみよう。

コード 3.41 「グルメ レストラン」で検索を行う

```
1  search_by_query("グルメ レストラン", vectorizer_count, vectors_count)
```

出力：

```
■■■■■■■■■■■検索■■■■■■■■■■■■
検索クエリ: グルメ レストラン
■■■■■■■■■■検索結果■■■■■■■■■■■
＝＝＝＝＝＝＝＝＝＝＝第 1 位＝＝＝＝＝＝＝＝＝＝＝
★記事 ID：2035 ／コサイン類似度：0.319
http://news.livedoor.com/article/detail/4931238/
NY 名物イベントが日本でも！名店グルメを気軽に楽し
＝＝＝＝＝＝＝＝＝＝＝第 2 位＝＝＝＝＝＝＝＝＝＝＝
★記事 ID：5839 ／コサイン類似度：0.246
```

```
http://news.livedoor.com/article/detail/6022651/
自分好みのお店が必ず見つかると噂のソーシャルグルメ
============第3位============
★記事 ID：5974 ／コサイン類似度：0.213
http://news.livedoor.com/article/detail/6110982/
人気マンガで視聴率を取れるか！？　「孤独のグルメ」
```

これら3件のうち，最上位に現れた文書には，「グルメ」が1回，「レストラン」が8回出現しており，それによって比較的大きなコサイン類似度が得られたと考えられる。2件目の文書にも「グルメ」が7回，「レストラン」が2回出現している。一方で，3件目の文書には「グルメ」は6回出現するが，「レストラン」は出現しない。このように，検索クエリに含まれる語が何度も出現している場合にはコサイン類似度が高くなることと，検索クエリに含まれる語のすべての語が出現していなくても，他の語が何度も出現していればコサイン類似度が高くなるということがわかった。

3.3.4 TF-IDF 重み付けによる特徴ベクトルの作成

語の出現頻度による特徴ベクトルでは，「月」や「日」のように，多くの文書で出現しそうな語が大きく影響する場合がある。ある文書の特徴を表すには，多くの文書で出現する語よりも，より少ない文書で出現する語の方を重視すべきであると考えることもできるだろう。TF-IDF 重み付けとは，そのような考えに基づいた特徴ベクトルの作成方法である。早速，TF-IDF 重み付けによる特徴ベクトルの作成を行ってみよう。CountVectorizer の場合とほとんど同様のやり方で，TfidfVectorizer を用いて行うことができる。

コード 3.42　TF-IDF 重み付けによる特徴ベクトルの作成

```
1  # TF-IDF 重み付けによる特徴ベクトルを作成するクラスを用意する
2  vectorizer_tfidf = TfidfVectorizer(norm=None,
                                      token_pattern=r"(?u)\b\w+\b")
3  # 全文書を特徴ベクトル化する
4  vectors_tfidf = vectorizer_tfidf.fit_transform(df["words"])
```

TF-IDF 重み付けでは，対象となる文書を d としたとき，語 t に対応する次元の重みが以下の式で計算される。

$$\text{tf-idf}(t,d) = \text{tf}(t,d) \cdot \text{idf}(t) \tag{3.2}$$

ここで，$\text{tf}(t,d)$ は，Term Frequency (TF) を表しており，一般には，文書 d における語 t の出現頻度のことである。$\text{idf}(t)$ は，Inverse Document Frequency (IDF) を表しており，全文書中で語 t が出現する文書数の逆数のようなものである。実際には，`TfidfVectorizer` において，$\text{idf}(t)$ は以下の式で計算される。

$$\text{idf}(t) = \log \frac{1+N}{1+\text{df}(t)} + 1 \tag{3.3}$$

N は総文書数であり，$\text{df}(t)$ は，語 t が出現する文書数である。$\text{idf}(t)$ は，t が大きくなればなるほど小さくなることがわかるだろう。たとえば，すべての文書で出現する語があれば，$\text{df}(t)$ の値は N と等しくなる。このとき，$\text{df}(t)$ の値は 1 となり，最小値を取る。少ない文書でしか現れない語ほど，$\text{idf}(t)$ の値が大きくなるのである。上記の IDF の式は，`TfidfVectorizer` におけるものであり，他のさまざまなライブラリやシステムで実装されているものとは異なる場合がある。

なお，`TfidfVectorizer` において，log の底としてはネイピア数 e が使われている。底として使われる数によって，出現頻度が小さい語において多少の影響が現れるが，巨視的に見たときには底として使われる数に大きな意味はないため，底に 2 や 10 などを使っても構わない。

`TfidfVectorizer` にも `CountVectorizer` と同じようにいくつかの設定項目がある。まず，`min_df`，`lowercase`，`token_pattern` などの設定項目があるが，これらは `CountVectorizer` と同様の意味を持っている。

`smooth_idf` という設定はデフォルトで True となっている。この設定を False にすると，IDF の計算方法が少し変化し，以下の $\text{idf}'(t)$ が用いられることになる。

$$\text{idf}'(t) = \log \frac{N}{\text{df}(t)} + 1 \tag{3.4}$$

`sublinear_tf` という設定はデフォルトで False となっている。この設定を True にすると，TF の計算方法が少し変化する。`sublinear_tf` が False の場合，$\text{tf}(t,d)$ は文書 d における語 t の出現頻度であるのに対して，その代わりに以下の $\text{tf}'(t,d)$ が用いられることになる。

$$\mathrm{tf}'(t,d) = 1 + \log \mathrm{tf}(t,d) \tag{3.5}$$

これは，初めて語 t が現れたときに加算される重みよりも，2 回目，3 回目と多くの回数が現れたときに加算される重みを少なくするという性質を持たせる設定である。

`norm` という設定には，今回，デフォルトではなく None を与えた。この設定は，作成された特徴ベクトルの正規化を指示するものであり，デフォルトは `"l2"` という文字列である。`norm` の設定をデフォルトないしは `"l2"` とした場合，各文書の特徴ベクトルは長さ 1 に正規化される。より正確には，TF-IDF によって求めた次元の重みを，その特徴ベクトルの長さ (L2 ノルム) で除算したものが，最終的な次元の重みとなる。`norm` の設定を `"l1"` とした場合，各文書の特徴ベクトルは L1 ノルムで正規化される。この場合，ある特徴ベクトルのすべての次元の重みを足し合わせると 1 になるようになる。コサイン類似度で文書の類似度を計算する場合，特徴ベクトルの正規化は結果に影響しない。しかし，後述するようなクラスタリング手法などでユークリッド距離を用いて特徴ベクトルの距離を計算するような場合には，特徴ベクトルをどのように正規化するかということが結果に影響することになる。

さて，実際に，IDF がどのような値となっているのかを表示してみよう。IDF の値は `vectorizer_tfidf.idf_` として求めることが可能である。

コード 3.43 IDF 値による語のヒストグラムを表示する

```
1 plt.hist(vectorizer_tfidf.idf_, bins=11, range=(0, 11))
2 # 日本語フォントを取得する
3 fp = FontProperties(fname=get_font_path())
4 plt.xlabel("IDF 値", fontproperties=fp)
5 plt.ylabel("語数", fontproperties=fp)
6 plt.show()
```

図 3.4 はどのぐらいの語がどのような IDF 値をもつかを表すヒストグラムである。すべての語に対して，IDF 値が計算されているのだが，それらはさまざまなバリエーションを持った値になっていることがわかるだろう。今回，総文書数は 7,367 であり，IDF 値の最大値は df(t) が 1 のときで，約 9.21 となる。

さて，テキストを TF-IDF 重み付けを用いて特徴ベクトルにした結果は，変数 `vectors_tfidf` に格納した。`CountVectorizer` のときと同様に，得られた

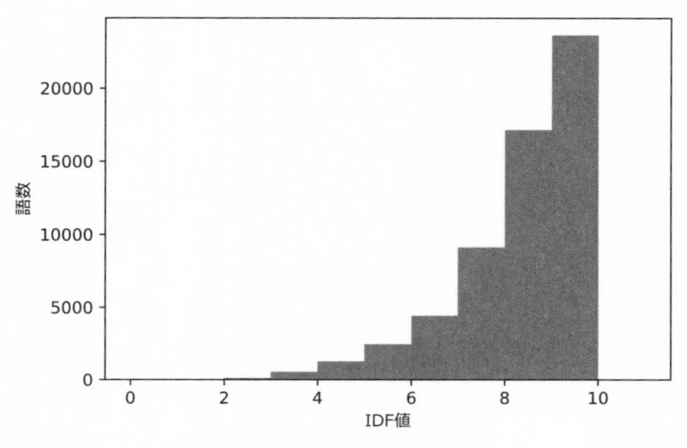

図 3.4　IDF 値による語のヒストグラム

行列の形は 7,367 行 58,719 列となっており，各文書は 58,719 次元の特徴ベクトルとして表現されている。出現する語については全く変化していないので，変数 `vocabulary` は更新する必要はないのだが，あらためて `TfidfVectorizer` から取得するには `vectorizer_tfidf.get_feature_names_out().tolist()` で取得することが可能である。

では，インデックス 0 の文書において，どのような語の TF-IDF 値が大きくなっているかを見てみよう。

コード 3.44　インデックス 0 の文書ではどのような語の TF-IDF 値が大きいかを表示する

```
1  doc_id = 0
2  elements = zip(vectors_tfidf[doc_id].data, vectors_tfidf[doc_id].
       indices)
3  elements = sorted(elements, reverse=True)
4
5  # TF-IDF 値が大きい語を表示
6  for i in range(min(len(elements), 5)):
7      print(f"文書 ({doc_id})での"
8            f"「{vocabulary[elements[i][1]]}」"
9            f"のTF-IDF 重みは{elements[i][0]:.2f}")
```

出力：

```
文書 (0) での「パソコン」の TF-IDF 重みは 26.30
文書 (0) での「ソフト」の TF-IDF 重みは 26.04
文書 (0) での「mac」の TF-IDF 重みは 25.46
文書 (0) での「出荷」の TF-IDF 重みは 21.49
```

```
文書 (0) での「セキュリティ」の TF-IDF 重みは 21.04
```

単純に出現頻度を数えた場合には，「月」や「日」が上位に現れていたのに対して，それらの語の TF-IDF 値が相対的に小さくなっていることがわかる。ワードクラウドで，出現頻度による特徴ベクトルと，TF-IDF 重み付けによる特徴ベクトルの違いを見てみよう。

コード 3.45 TF-IDF 重み付けによるワードクラウドの表示

```
1 print("TF-IDF 重み付けによるワードクラウド")
2 show_wordcloud_by_vector(vectors_tfidf[0], vocabulary)
```

図 3.5 インデックス 0 の文書の TF-IDF 重み付けによるワードクラウド

図 3.2 の出現頻度で作成したワードクラウドに比べて，図 3.5 の TF-IDF 重み付けによるワードクラウドでは，「月」や「日」が明らかに小さくなっていることがわかるだろう。また，「いう」，「ある」，「なる」，「する」といった，どのようなニュース記事にでもよく出てきそうな語も小さくなっていることがわかる。

先ほど作成した簡易検索システムで，TF-IDF 重み付けを利用するためには以下のようにすればよい。

コード 3.46 「グルメ レストラン」で TF-IDF 重み付けで検索を行う

```
1 search_by_query("グルメ レストラン", vectorizer_tfidf, vectors_tfidf)
```

出力：

```
■■■■■■■■■■■検索■■■■■■■■■■■■
検索クエリ: グルメ レストラン
■■■■■■■■■■検索結果■■■■■■■■■■■
```

```
============第1位============
★記事 ID：5839／コサイン類似度：0.350
http://news.livedoor.com/article/detail/6022651/
自分好みのお店が必ず見つかると噂のソーシャルグルメ
============第2位============
★記事 ID：2035／コサイン類似度：0.307
http://news.livedoor.com/article/detail/4931238/
NY 名物イベントが日本でも！名店グルメを気軽に楽し
============第3位============
★記事 ID：5974／コサイン類似度：0.292
http://news.livedoor.com/article/detail/6110982/
人気マンガで視聴率を取れるか！？　「孤独のグルメ」
```

この結果では，出現頻度による特徴ベクトルのときと比べて，1位と2位が入れ替わっている。それが良いかどうかは人の判断が必要となる。一般に，このTF-IDF重み付けによる特徴ベクトルを利用した検索システムからは，十分実用に耐えるランキングが得られることが多い。

章末問題

(1) 自分が保有するテキストファイルをいくつか用意して，それらの文書についてTF-IDF重み付けによる特徴ベクトルを作成せよ。さらに，キーワードによる検索を行い，どのような文書がランキング上位に現れるか確かめよ。

Chapter 4

テキスト分析2：ベクトルを用いた分析

前章では，テキストを特徴ベクトルとして表現する方法を説明した。特徴ベクトルの次元は，文書に出現する語であった。本章では，その特徴ベクトルを次元圧縮する方法と，クラスタリングを行う方法について説明する。

4.1 特徴ベクトルの次元圧縮とトピック抽出

ここまでは，1 語を 1 次元に対応させて，語の種類数を次元数とする特徴ベクトルを扱ってきた。文書集合が大きくなったとき，語の種類数はどんどん大きくなっていき，場合によっては 100 万種類以上の語が使われるといったことも起こる。そのような場合には，特徴ベクトルの次元が非常に大きくなり，類似度などを計算する際の計算量も大きくなってしまう。疎行列を用いた計算によって計算量が抑えられることも多いが，実用上さまざまな困難が生じるのもまた事実である。そこで，非常に大きな次元の特徴ベクトルをより少ない次元で表現するということが考えられてきた。そのような手法が次元圧縮である。

4.1.1 潜在的意味解析による次元圧縮

ここでは，潜在的意味解析 (latent semantic analysis, LSA) と呼ばれる次元圧縮手法を使ってみよう。潜在的意味インデキシング (latent semantic indexing, LSI) と呼ばれることもある。この手法では，文書を行として語を列とした行列を想定し，その特異値分解 (singular value decomposition, SVD) を行うことで，より小さな次元で大きな次元の特徴ベクトルを表現しようとする。

今，我々の手元には，7,367 件の文書が，58,719 次元の特徴ベクトルとして表現されている。これを行列 C で表すこととしよう。行列 C の行を文書に対応させ，列を語に対応させる。そして，行列 C の i 行 j 列は，i 番目の文書の j 番目の次元の重みを表し，TF-IDF 重み付けによる値を入れる。このように作られた行列 C は，文書-単語行列などと呼ばれることもある。

この行列 C を特異値分解してみよう。特異値分解とは，任意の行列 C をある種の性質を持った行列の計算に分解するものであり，以下の数式で表される。

$$C = U\Sigma V^T \tag{4.1}$$

U，Σ，V^T は，それぞれ行列である。今回，文書-単語行列は，行の数 (今回は 7,367) よりも列の数 (今回は 58,719) の方が大きいが，それを前提として以下の説明を進める。今回の場合，U は 7,367 行 7,367 列の行列，Σ は 7,367 行 7,367 列の行列，V^T は 7,367 行 58,719 列の行列である。

Σ は対角成分以外がすべて 0 の行列であり，対角成分は特異値と呼ばれる。特異値は正の値であり，大きな値から順に並べられる。

U の任意の 1 列を取り出して，7,367 次元のベクトルとみなしたとき，このベクトルの長さ (L2 ノルム) は 1 となっている。そして，U の任意の異なる 2 列を取り出して，2 つのベクトルとみなしたとき，その 2 つのベクトルは直交している。すなわち，コサインや内積を計算すると 0 となる。

V^T の任意の 1 行を取り出して，58,719 次元のベクトルとみなしたとき，このベクトルの長さ (L2 ノルム) は 1 となっている。そして，V^T の任意の異なる 2 行を取り出して，2 つのベクトルとみなしたとき，その 2 つのベクトルは直交している。すなわち，コサインや内積を計算すると 0 となる。後で V^TV を計算することになるが，この式の結果は 7,367 行 7,367 列の行列となる。V^TV の対角成分は，V^T の同じ行ベクトルどうしの内積となり，長さが 1 であることから 1 となる。V^TV の非対角成分は，V^T の異なる行ベクトルの内積となり，0 となる。すなわち，V^TV は単位行列となるという性質を持っている。特異値分解とは，行列 C をこのような性質を持った U，Σ，V^T による行列の計算で表すことである。

行列 C のそれぞれの行は，それぞれの文書の特徴ベクトルを表している。ここで，C の x 番目と y 番目の行ベクトル c_x と c_y を取り出してみよう。このとき，特異値分解の式より，以下の式が成り立つ。

$$c_x = u_x \Sigma V^T \tag{4.2}$$

$$c_y = u_y \Sigma V^T \tag{4.3}$$

ここで，u_x と u_y は，それぞれ，U の x 番目と y 番目の行ベクトルである。これらの内積を求めてみよう。

$$c_x \cdot c_y = (u_x \Sigma V^T) \cdot (u_y \Sigma V^T)^T = u_x \Sigma V^T V \Sigma^T u_y^T \tag{4.4}$$

ここで，$V^T V$ は単位行列となること，$\Sigma^T = \Sigma$ であること，Σ は対角成分以外はすべて 0 であることから，この式は以下のように変形可能である。

$$c_x \cdot c_y = (u_x \Sigma) \cdot (u_y \Sigma) \tag{4.5}$$

なお，ベクトルの長さ (L2 ノルム) は当該ベクトルどうしの内積の平方根で求められる。よって，$\|c_x\|$ と $\|c_y\|$ は以下のように求められる。

$$\|c_x\| = \sqrt{c_x \cdot c_x} = \sqrt{(u_x \Sigma) \cdot (u_x \Sigma)} = \|u_x \Sigma\| \tag{4.6}$$

$$\|c_y\| = \sqrt{c_y \cdot c_y} = \sqrt{(u_y \Sigma) \cdot (u_y \Sigma)} = \|u_y \Sigma\| \tag{4.7}$$

さて，c_x と c_y のなす角のコサインは，該当する文書のコサイン類似度であるが，これらの式を用いて変形すると以下のようになる。

$$\cos(c_x, c_y) = \frac{c_x \cdot c_y}{\|c_x\|\|c_y\|} = \frac{(u_x \Sigma) \cdot (u_y \Sigma)}{\|u_x \Sigma\|\|u_y \Sigma\|} = \cos(u_x \Sigma, u_y \Sigma) \tag{4.8}$$

これはすなわち，文書の特徴ベクトル c_x と c_y のコサイン類似度を計算することは，$u_x \Sigma$ と $u_y \Sigma$ のコサイン類似度を計算することと等しいということであり，文書の特徴ベクトル c_x と c_y はそれぞれ $u_x \Sigma$ と $u_y \Sigma$ と同一視することができると考えることができる。

さて，特異値分解は任意の行列を分解するものであるが，任意のランク (階数) r を設定して，行列をそのランクの行列で近似することにも用いられる。この場合，Σ において，大きい方から r 個の特異値を用いて，小さい特異値をすべて 0 とした $\tilde{\Sigma}$ を用いる。このとき，特異値が 0 となる部分によって，行列の計算に影響を与えない部分が現れる。それらを取り除くと，C の近似は以下のような式で表される。

$$C \approx U \tilde{\Sigma} V^T = U' \Sigma' V'^T \tag{4.9}$$

U'，Σ'，V'^T は，それぞれ，行，行と列，行を上位 r 件のみ残したものである。たとえば，r を 200 と設定した場合，U' は 7,367 行 200 列の行列，Σ' は 200 行 200 列の行列，V'^T は 200 行 58,719 列の行列となる。このような近似を行ったとき，文書の特徴ベクトル c_x と c_y はそれぞれ，$u'_x\Sigma'$ と $u'_y\Sigma'$ と近似されることになる。$u'_x\Sigma'$ や $u'_y\Sigma'$ は，200 次元のベクトルであり，結果として，大きな次元の特徴ベクトルがかなり小さな次元の特徴ベクトルとして近似されているということになる。

このように，次元圧縮という目的においては，特異値分解は特異値の大きい方から r 個の部分だけ計算することができればよい。そこで，Truncated SVD と呼ばれる手法を用いて，特異値の大きな部分から求めていき，適当な次元まで計算をやめてしまうことで，次元圧縮を効率よく行うことが可能である。

実際に，これまで 58,719 次元で表現されていた TF-IDF 重み付けによる文書の特徴ベクトルを 200 次元に圧縮してみよう。Scikit-learn に `TruncatedSVD` というクラスがあるので，それを利用しよう。

コード 4.1　前章のものに加えて，本章で用いる各種モジュールのインポート

```
1  import seaborn as sns
2  from sklearn.decomposition import TruncatedSVD
3  from sklearn.pipeline import make_pipeline
4  from sklearn.decomposition import LatentDirichletAllocation
5  from sklearn.cluster import AgglomerativeClustering
6  from sklearn.metrics import adjusted_rand_score
7  from sklearn.metrics import confusion_matrix
8  from sklearn.preprocessing import normalize
9  from sklearn.cluster import KMeans
```

コード 4.2　潜在的意味解析で 200 次元に次元圧縮を行う

```
1  lsa = TruncatedSVD(200, algorithm="arpack")
2  vectors_lsa = lsa.fit_transform(vectors_tfidf)
```

少し時間がかかるかもしれないが，これで，58,719 次元の特徴ベクトルがすべて 200 次元に圧縮された。変数 `vectors_lsa` として得られたのは，先述した $U'\Sigma'$ である。行列の形を表示してみよう。

コード 4.3　変数 vectors_lsa の行列の形を表示する

```
1  print(vectors_lsa.shape)
```

出力：

```
(7367, 200)
```

たしかに，7,367 件の文書が 200 次元で表現されているようである。では，インデックス 0 の文書の圧縮された特徴ベクトルにおける最初の 3 次元と最後の 3 次元を見てみよう。

コード 4.4 インデックス 0 の文書の圧縮された特徴ベクトルにおける最初の 3 次元と最後の 3 次元を表示する

```
1 print(vectors_lsa[0][:3])
2 print(vectors_lsa[0][-3:])
```

出力：

```
[14.99651992 -15.42653299 0.31936193]
[1.47447551 0.38977783 -0.1259021]
```

特異値が掛け合わされており，Σ' においてはより大きな特異値から対角成分に並べられていることから，圧縮された特徴ベクトルにおいては，より小さな番号の次元の絶対値が大きくなる傾向がある。

さて，では，この特徴ベクトルを利用して，コサイン類似度を計算してみよう。ここでは，「神戸」を含む 5 つの文書のコサイン類似度について，TF-IDF 重み付けを使った場合と，それを次元圧縮した場合で，どのような値になるかを確かめてみよう。表 4.1 が，TF-IDF 重み付けを使った特徴ベクトルでコサイン類似度を計算した場合で，表 4.2 が，潜在的意味解析で 200 次元に次元圧縮した特徴ベクトルでコサイン類似度を計算した場合である。次元圧縮した場合には，全体的にコサイン類似度が大きくなっているのがみられるだろう。たとえば，インデックス 1942 の文書とインデックス 2067 の文書のコサイン類似度は，TF-IDF 重み付けによる特徴ベクトルでは約 0.465 だが，次元圧縮した場合には約 0.910 とかなり大きな値となっている。しかしながら，相対的な大きさについては，ある程度は保存されているようにみえる。

さて，次元圧縮した場合でも，これまでと同様に，簡易検索システムを利用することができる。今回，我々は，`TfidfVectorizer` を用いて TF-IDF 重み付けを行い，`TruncatedSVD` を用いて次元圧縮を行った。新しい文書や検索クエリが与えられたときにも，その順序で処理を行う必要がある。このように，次々と処理を行う場合には，Scikit-learn の `make_pipeline` を用いるのが便利

表 4.1　5 つの文書のコサイン類似度の計算 (TF-IDF による特徴ベクトル)

	3114	**1942**	**1920**	**2067**	**3128**
3114	1.000000	0.174986	0.153704	0.122775	0.356753
1942	0.174986	1.000000	0.982145	0.465376	0.070566
1920	0.153704	0.982145	1.000000	0.484081	0.060261
2067	0.122775	0.465376	0.484081	1.000000	0.052333
3128	0.356753	0.070566	0.060261	0.052333	1.000000

表 4.2　5 つの文書のコサイン類似度の計算 (TF-IDF による特徴ベクトルを潜在的意味解析で 200 次元に次元圧縮)

	3114	**1942**	**1920**	**2067**	**3128**
3114	1.000000	0.243849	0.248911	0.284078	0.807077
1942	0.243849	1.000000	0.995214	0.909916	0.158947
1920	0.248911	0.995214	1.000000	0.912898	0.161051
2067	0.284078	0.909916	0.912898	1.000000	0.209856
3128	0.807077	0.158947	0.161051	0.209856	1.000000

である。今回の場合は，以下のように利用する。

コード 4.5　TF-IDF 重み付けと次元圧縮をこの順序で適用するためのパイプラインを作成する

```
1  vectorizer_lsa = make_pipeline(vectorizer_tfidf, lsa)
```

では，このようにして作成されたパイプラインを用いて，簡易検索システムを利用してみよう。

コード 4.6 「グルメ レストラン」で次元圧縮された特徴ベクトルで検索を行う

```
1  search_by_query("グルメ レストラン", vectorizer_lsa, vectors_lsa)
```

出力：

```
■■■■■■■■■■■■■検索■■■■■■■■■■■■■■
検索クエリ: グルメ レストラン
■■■■■■■■■■■■検索結果■■■■■■■■■■■■■
============第1位============
★記事 ID：2262 ／コサイン類似度：0.774
http://news.livedoor.com/article/detail/5719876/
旬の「夏野菜」を美味しくいただく東京のレストラン特
============第2位============
★記事 ID：2098 ／コサイン類似度：0.742
http://news.livedoor.com/article/detail/5054242/
大人の隠れ家で幸せのイタリアンを　【プレゼント有
============第3位============
```

> ★記事 ID：1930 ／コサイン類似度：0.693
> http://news.livedoor.com/article/detail/4675258/
> 有名シェフが隠れ家フレンチをオープン！レセプション

これまでの語の出現頻度による特徴ベクトルや，TF-IDF 重み付けによる特徴ベクトルを利用した場合と，少し異なった結果が得られている。1 位に現れた記事には，「グルメ」が 1 回，「レストラン」が 8 回出現している。一方で，2 位と 3 位に現れた記事には，「グルメ」は出現しておらず，「レストラン」が 1 回出現しているのみである。では，検索結果として人が判断したときに間違っているかといわれると，「グルメ」という語こそ出現しないものの，「イタリアン」，「フレンチ」，「シェフ」，「料理」などといった語が出現しており，十分「グルメ」と関連する記事であると判断されるだろう。

潜在的意味解析による次元圧縮では，大きな意味では類似していて，厳密な意味では差異がある文書や語について，小さな意味の差異については無視して同一視するということを行っていると言える。そのため，文書の類似度を計算した場合に，類似する語が多く出現する文書のコサイン類似度が高くなるように計算される。このように，次元圧縮という目的だけからすると副作用であるが，表面上の語の出現ではなく意味を考慮した類似性の計算を行えるということも潜在的意味解析による次元圧縮の作用である。

4.1.2 潜在的ディリクレ配分法によるトピック抽出

潜在的意味解析における次元圧縮の結果作られた特徴ベクトルの次元をトピックと呼ぶことがある。前節の例の場合，それぞれの文書は，200 個のトピックについてどれをどの程度含んでいるかということで表されていると考えるのである。この考え方を発展させて，あらかじめトピックと文書と語の関係性をモデル化したトピックモデルを想定し，そのモデルに従ってトピックを構成する手法が考えられた。その代表的な手法が潜在的ディリクレ配分法 (latent Dirichlet allocation，LDA) である。

潜在的ディリクレ配分法で前提とするトピックと文書と語の関係は，設定にもよるのだが，おおむね以下のようなものである。

- 文書は，いくつかのトピックが混合した結果生み出されたものである。

- トピックは，いくつかの語を混合して表せるものである。
- 文書には，トピックがまんべんなく現れるのではなく，いくつかのトピックが突出して現れる傾向にある。
- トピックには，語がまんべんなく現れるのではなく，いくつかの語が突出して現れる傾向にある。

ここで，想定するトピックの総数は語や文書の数よりもはるかに少ないものであり，たとえば，50 や 200 などと考えてよい。トピックが決まると，それに対応する形で，すべての語の出現頻度が決定される。トピックに対応してくじ引きの箱が用意されており，その中にいろいろな語に対応するくじが入っていると考えるとよい。そこでは，出やすいくじ (語) もあれば，出にくいくじ (語) もある。文書が生み出される過程では，文書に対応するいくつかのトピックがあるものと想定する。ある文書においては，中心的なトピックもあれば，少ししか現れないトピックもあると考える。文書には，結果として語が出現しているが，それは，トピックの現れ方に応じて，そのトピックに対応する語が選択された結果であると考える。

実際の文書が目の前に存在しているという事実は，このような文書の生成過程を想定した結果起こったのだと考えたときに，もっともあり得そうなトピックを逆算して考えるのが潜在的ディリクレ配分法である。

では，58,719 次元で表現されていた TF-IDF 重み付けによる文書の特徴ベクトルから，潜在的ディリクレ配分法の学習を行ってみよう。ここでは，トピックの数を 50 個としている。Scikit-learn に `LatentDirichletAllocation` というクラスが用意されているので，それを利用しよう。

コード 4.7　LDA で 50 個のトピックを前提とした潜在的ディリクレ配分法の学習を行う

```
1  lda = LatentDirichletAllocation(n_components=50)
2  vectors_lda = lda.fit_transform(vectors_tfidf)
```

なお，この処理には，Google Colaboratory の環境において，3 分程度かかる。これで，58,719 次元の特徴ベクトルが，トピックの分布としての 50 次元として表現された。変数 `vectors_lda` の行列の形を表示してみよう。

コード 4.8　変数 `vectors_lda` の行列の形を表示する

```
1  print(vectors_lda.shape)
```

出力：

```
(7367, 50)
```

では，ここで，これまでに何度か例示してきたインデックス 3114 の文書について，どのようなトピックの分布となっているのかを見てみよう。

コード 4.9 インデックス 3114 の文書のトピックの分布の表示

```
1 print(vectors_lda[3114])
```

出力：

```
[2.88346796e-05 2.88346796e-05 2.88346796e-05 2.88346796e-05
 8.91244094e-02 2.88346796e-05 1.73380540e-02 2.88346796e-05
(中略)
 2.88346796e-05 2.88346796e-05 2.88346796e-05 2.88346796e-05
 2.88346796e-05 1.36103172e-02]
```

少しわかりにくいが，50 個の数値が表示されている。これらがそれぞれトピックに対応する値である。ほとんどのトピックに対して非常に小さな値が与えられており，いくつかのトピックに対してはそれよりも何桁か大きい値が与えられていることがわかる。すべて 1 以下の正の値であることにも気付くだろう。これは，インデックス 3114 の文書のトピックの分布が確率分布として表現されているのである。そのため，これらの値を合計すると 1 になるので，確かめてみよう。

コード 4.10 インデックス 3114 の文書のトピックの分布の合計値の表示

```
1 print(vectors_lda[3114].sum())
```

出力：

```
0.9999999999999999
```

改めて，インデックス 3114 の文書がどのようなトピックで構成されているかを見てみよう。このために，ある程度大きな値を持つトピックの番号のみを表示してみよう。

コード 4.11 インデックス 3114 の文書がどのようなトピックで構成されているかを表示

```
1 for i, v in enumerate(vectors_lda[3114]):
2     if v > 0.0001:
3         print(f"トピック{i:2}の重み：{v:.4f}")
```

出力：

```
トピック 4の重み：0.0891
トピック 6の重み：0.0173
トピック 13の重み：0.0242
トピック 14の重み：0.0975
トピック 39の重み：0.0303
トピック 42の重み：0.7268
トピック 49の重み：0.0136
```

インデックス 42 のトピックの重みが約 0.73 と突出して大きく，それ以外のトピックがある程度の値を持っているが，これら 7 つ以外のトピックの値がほとんど 0 であるということである。これは，潜在的ディリクレ配分法の設定において，1 つの文書がもつと考えられるトピックの分布が，おおむねこのように少数のみが値を持つという前提になっているためである。このように，潜在的ディリクレ配分法では，文書に対して，大まかなトピックを取得するということが可能である。

なお，潜在的ディリクレ配分法では乱数を用いているため，大きな値を持つトピックの番号などは，実行ごとに異なる。

次に，インデックス 42 のトピックがどのような語で構成されているのかを見てみよう。それぞれのトピックの語の分布は，LatentDirichletAllocation の components_で取得できる行列に格納されている。まずは，どのような形の行列なのかを確認しよう。

コード 4.12　トピックの情報が格納された行列の形を表示する

```
1 print(lda.components_.shape)
```

出力：

```
(50, 58731)
```

50 行 58,731 列であることがわかる。行がトピックに対応しており，列が語に対応している。では，インデックス 42 のトピックがどのような語で構成されているのかを表示してみよう。

コード 4.13　トピック 42 でどのような語の重みが大きいかを表示する

```
1 topic_id = 42
2 # 語のインデックスと重みを対応付ける
3 elements = zip(lda.components_[topic_id], vocabulary)
```

```
elements = sorted(elements, reverse=True)
# 重みが大きい語と重みを表示
for i in range(min(len(elements), 5)):
    print(f"トピック ({topic_id})での「{elements[i][1]}」の重みは{elements
        [i][0]:.3f}")
```

出力：

```
トピック (42) での「選手」の重みは 3785.040
トピック (42) での「代表」の重みは 2955.722
トピック (42) での「サッカー」の重みは 2923.917
トピック (42) での「日本」の重みは 2867.954
トピック (42) での「試合」の重みは 2718.730
```

インデックス42のトピックは,「選手」,「代表」,「サッカー」,「日本」などの語が大きな重みを持っており, サッカーの日本代表についてのものであることがわかるのではないだろうか。これまでに利用してきた関数 show_wordcloud_by_vector を使って, ワードクラウドでも表示させることも可能である (図 4.1)。

コード 4.14 インデックス 42 のトピックのワードクラウドの表示

```
show_wordcloud_by_vector(lda.components_[42], vocabulary)
```

潜在的ディリクレ配分法の結果はどのように利用することができるだろうか。潜在的意味解析とは異なり, トピック分布を文書の特徴ベクトルとして用いることはあまり有用ではない。実際, 潜在的ディリクレ配分法は, もともと, 文書検索においてクエリ尤度モデルと呼ばれる語の出現確率を考慮したランキング手法と組み合わせて利用するものとして提案されたという経緯がある。検索

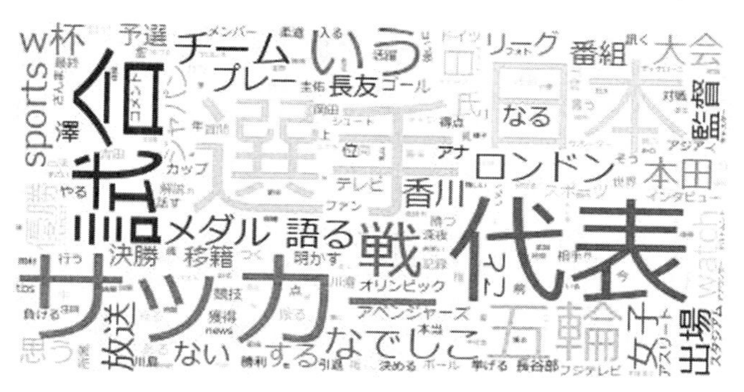

図 4.1 インデックス 42 のトピックのワードクラウド

クエリの語の一致だけではなく，多少，トピックも考慮すると検索の性能が良くなるのである。

今回は，あるトピックについて関係の深い文書集合を取得するために利用してみよう。インデックス 42 のトピックはサッカーの日本代表についてのトピックであった。そのトピックの重みが大きい文書集合を取得してみよう。

コード 4.15　トピック 42 の重みが大きい文書を表示する

```
1  topic_id = 42
2  # 全文書におけるトピック 42の重みと，文書のインデックスを対応付ける
3  elements = zip(vectors_lda[:,topic_id], range(num_docs))
4  elements = sorted(elements, reverse=True)
5  # トピックの重みが大きい文書と重みを表示
6  for i in range(min(len(elements), 5)):
7      print(f"文書 ({elements[i][1]})でのトピック ({topic_id})の重みは{
           elements[i][0]:.3f}")
```

出力：

```
文書 (3174) でのトピック (42) の重みは 0.999
文書 (3395) でのトピック (42) の重みは 0.999
文書 (3367) でのトピック (42) の重みは 0.999
文書 (3135) でのトピック (42) の重みは 0.999
文書 (3000) でのトピック (42) の重みは 0.999
```

約 30 件の文書で，インデックス 42 の重みが約 1 となっている。これらの文書は同じサッカーの日本代表というトピックに属するものということができる。インデックス 3174 の文書のワードクラウドを見てみよう (図 4.2)。

図 4.2　インデックス 3174 の文書の TF-IDF 重み付けによるワードクラウド

コード 4.16 インデックス 3174 の文書の TF-IDF 重み付けによるワードクラウドを表示する

```
1  show_wordcloud_by_vector(vectors_tfidf[3174], vocabulary)
```

たしかに，サッカーの日本代表に関する文書であるらしいことがわかる。このように同じ語が含まれているかいないかではなく，トピックという一段抽象度が高いレベルでの類似性を考慮する際に，潜在的ディリクレ配分法を利用することを検討するのがよいだろう。

4.2 文書のクラスタリング

比較的小さな次元で文書を表現することができると，重い処理を必要とする分析を行うことも可能となる。類似する文書グループを自動的に発見する分析手法であるクラスタリングを行ってみよう。ここでは，潜在的意味解析による 200 次元に次元圧縮した特徴ベクトルを利用する。

文書集合は，いくつかのグループで構成されていると考えられることがある。たとえば，今回用いているニュース記事は，9 つのカテゴリのいずれかに属するものであり，それぞれのカテゴリに属するニュース記事のグループで文書集合全体が構成されていると考えられる。そのような文書のグループは，たがいに類似する文書群で構成されると考えられる。そのような類似文書のグループを自動的に発見するのがクラスタリングである。ここで発見される文書の類似文書のグループをクラスタと呼ぶ。

クラスタリング手法には，大きく分けて以下の 2 つの手法が存在する。

- 階層クラスタリング
- 非階層クラスタリング

それぞれで，さまざまな手法が存在するが，今回は，階層クラスタリングにおいて最長距離法と呼ばれる手法を，非階層クラスタリングにおいて K-Means 法と呼ばれる手法を用いて，実際にニュース記事集合のクラスタリングを行ってみよう。

なお，クラスタリングに必要なのは，文書のそれぞれが特徴ベクトルで表現されているということだけであり，それぞれのニュース記事がどのカテゴリに属するかという情報は必要ない。

4.2.1 階層クラスタリングによるクラスタの取得

階層クラスタリングでは，まず，文書集合におけるあらゆる文書を１つの文書だけが属するクラスタとみなす。すなわち，文書数だけクラスタが存在するという状態を考える。次に，それらのクラスタ間において，最も類似している２つのクラスタを発見する。そして，最も類似している２つのクラスタを，それらに属するすべての文書が属する新たなクラスタに統合する。この操作をずっと繰り返していくと，最後にはすべての文書が属する大きな１つのクラスタができあがる。適当なタイミングで処理を止めることで，いくつかの類似文書のグループを作ることができる。このような手法が階層クラスタリングである。

階層クラスタリングでポイントとなるのは，クラスタ間の類似度の計算である。はじめは，クラスタに属している文書は１つであり，クラスタの類似度は文書の類似度として単純に計算可能である。しかし，複数の文書が属したクラスタどうしの類似度をどのように計算すればよいだろうか。そのようなクラスタ間の類似度を計算する手法としては，以下のような手法が挙げられる。

- 最短距離法
- 最長距離法
- 群平均法
- ウォード法

これらの手法について，簡単に説明しておく。最短距離法は，クラスタ間の類似度として，最も類似する文書間の類似度を用いる手法である。まず，それぞれのクラスタから１つずつの文書を取り出して文書のペアを作り，その類似度を計算する。あらゆる文書のペアの類似度のうち，その最小値をクラスタ間の類似度として用いる。最長距離法は，最短距離法で最小値を用いている部分で，最小値の代わりに最大値を用いる手法である。クラスタ間で最も離れている文書間の類似度がクラスタ間の類似度となる。群平均法は，クラスタ間の文書のペアの類似度の平均を，クラスタ間の類似度とする手法である。これら３つの手法では，はじめにすべての文書間の類似度を計算してしまえば，以後はその比較や平均を計算するだけでクラスタリングを完了させることができる。一方で，ウォード法は，クラスタに属する文書の重心ベクトルを求め，その重心ベクトルとそこに属する文書との距離の和が小さくなるようにクラスタの統合を行う手法である。重心ベクトルを求めるために，特徴ベクトルの和を求めるといった計算が必要となり，計算コストが大きくなる。

これらのうち，どのような問題においてもある程度良い結果を出すと言われているのがウォード法である。しかし，大量の文書のクラスタリングを行うという点からは，いくつか，大きな問題が存在する。まず，クラスタの重心ベクトルを求めるために，そこに属する文書群の特徴ベクトルの平均を求めるという計算が必要となり，この計算コストがかなり大きくなってしまうということがある。クラスタリングを行う前に，次元削減を行うとしてもこの計算コストはかなり大きい。

また，特徴ベクトルの平均を求めるということで，特徴ベクトルの加算について考えなくてはいけない。これまで，文書の類似度をコサイン類似度で計算してきたが，コサイン類似度は特徴ベクトルがなす角を計算するものであり，長さは角度には影響を与えないため考慮する必要がなかった。しかし，特徴ベクトルの加算においては，たとえば，特徴ベクトルをあらかじめ正規化するなど，特徴ベクトルの長さをどのように扱うかを検討しなくてはならない。

そこで，今回は，最長距離法によるクラスタリングを行うことにしてみよう。最長距離法では，それぞれの文書間の類似度を計算してしまえば，その大小の比較を行うだけでクラスタリングできる。これまでと同様に，コサイン類似度を用いることも可能である。Scikit-learn に `AgglomerativeClustering` という階層クラスタリングを行うクラスが用意されているので，それを利用しよう。文書の特徴ベクトルには，潜在的意味解析による次元圧縮を行ったものを用いる。

コード 4.17 最長距離法でコサイン類似度を用いてクラスタリングを行う

```
1  clustering_agg = AgglomerativeClustering(linkage="complete", affinity
       ="cosine", compute_full_tree=True)
2  clustering_agg.fit_predict(vectors_lsa)
```

ここでは，階層クラスタリングを最後まで，すなわち，すべてのアイテムが 1 つのクラスタにまとまってしまうまで行っている。クラスタリングの途中経過についてはすべて記録されているため，後から適当な数のクラスタを作ることが可能である。これが階層クラスタリングの利点の 1 つである。

階層クラスタリングの結果から，必要な数のクラスタの情報を取得することができる関数 get_labels を定義する。関数 get_labels には，作成するクラスタ数と，クラスタリングの全結果の情報を引数として与える。クラスタリングの全結果は，AgglomerativeClustering の children_に格納されている。

コード 4.18　階層クラスタリングの結果からクラスタを構成する関数の定義

```
def get_labels(num_clusters, children):
    num_samples = len(children) + 1
    label_dict = {i: i for i in range(num_samples)}
    inv_label_dict = {i: {i} for i in range(num_samples)}
    num_marge = num_samples - num_clusters
    for cluster, (left, right) in enumerate(children[:num_marge],
         num_samples):
        members = inv_label_dict.pop(left) | inv_label_dict.pop(right)
        inv_label_dict[cluster] = members
        for member in members:
            label_dict[member] = cluster
    labels = np.zeros(num_samples)
    for cluster, members in enumerate(inv_label_dict.values()):
        labels[list(members)] = cluster
    return labels
```

たとえば，20 個のクラスタに分割したい場合には，関数 get_labels を以下のように利用する。

コード 4.19　20 個のクラスタを構成する

```
labels = get_labels(20, clustering_agg.children_)
```

コード 4.20　得られた 20 個のクラスタの情報を表示する

```
print(f"文書総数：{len(labels)}")
print(labels)
```

出力：

```
文書総数：7367
[18. 18. 13. ...  6. 18. 11.]
```

ここで得られた変数 labels には，7,367 件の全文書がどのクラスタに属するかという情報が格納されている。ここで，クラスタには 0 から 19 までの整数の値が与えられている。

さて，クラスタリングの結果がどの程度良いかということを評価する方法について考えてみよう。評価をするためには，何らかの正解データが必要となる。今回用いた 7,367 件の文書は，9 つのカテゴリのいずれかに属している。そこで，今回はこのカテゴリの情報を使って，評価を行うことを考えよう。

今，同じカテゴリの文書が同じクラスタに属している方がよく，また，異なるカテゴリの文書が異なるカテゴリに属している方がよいと考えることにしよう。すなわち，カテゴリと全く同じクラスタが構成された場合に最も良い結果であると言うことにしよう。ところが，今作成したクラスタ数は 20 であり，カテゴリ数である 9 とは異なっている。その場合でも，やはり，同じカテゴリの文書が同じクラスタに属している方がよく，また，異なるカテゴリの文書が異なるカテゴリに属している方がよいということは変わらないと考えることができる。そこで，そのような考えに基づいて計算される，調整ランド指数を用いてクラスタリングの結果の評価を行うことにしよう。

調整ランド指数は，関数 adjusted_rand_score で計算できる。引数として，同じアイテムに対するクラスタ情報を 2 つ与える必要がある。DataFrame のカテゴリの列，すなわち df["category"] には，カテゴリ名が入っているため，これをカテゴリの情報として利用することができる。そして，クラスタリングの結果は関数 get_labels を用いて取得することができる。さて，では，クラスタ数がどのぐらいのときに，調整ランド指数が高くなるかを確かめてみよう。

コード 4.21 クラスタ数を 10 から 150 まで変化させたときの調整ランド指数の変化をみる

```
1  X = range(10, 151, 5)
2  Y = []
3  for num_clusters in X:
4      labels = get_labels(num_clusters, clustering_agg.children_)
5      Y.append(adjusted_rand_score(df["category"], labels))
6  # クラスタ数と調整ランド指数の折れ線グラフを描く
7  plt.plot(X, Y)
8  # 日本語フォントを取得する
9  fp = FontProperties(fname=get_font_path())
10 plt.xlabel("クラスタ数", fontproperties=fp)
11 plt.ylabel("調整ランド指数", fontproperties=fp)
12 plt.show()
```

今回の場合，クラスタ数を 30 としたときに，調整ランド指数が約 0.23 と最大になることがわかった。

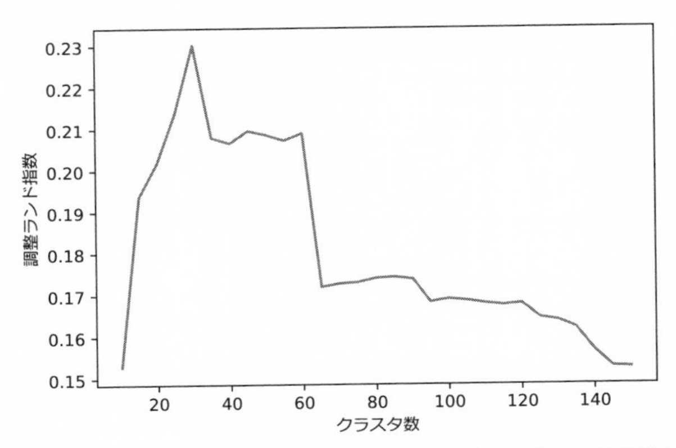

図 4.3　クラスタ数を 10 から 150 まで変化させたときの調整ランド指数の変化

4.2.2　クラスタリングの結果の視覚化

クラスタリングの結果を可視化して見たい場合があるだろう。今回は 9 つのカテゴリに属する文書を 30 個のクラスタにクラスタリングしたのだが，どのカテゴリの文書がどのクラスタにどの程度属しているのかを可視化してみよう。まず，どのカテゴリに属する文書がどのクラスタに属するかをまとめた行列を作成しよう。そして，その行列を可視化してみよう。

コード 4.22　それぞれのカテゴリとクラスタに属する文書をまとめる

```
1  # 30個のクラスタにクラスタリングした結果を取得する
2  num_clusters = 30
3  labels = get_labels(num_clusters, clustering_agg.children_)
4  # それぞれのカテゴリとクラスタに属する文書をまとめる
5  cmt = confusion_matrix(df["category"].apply(category_dirs.index).
       values, labels)
6  cmt = cmt[:num_clusters][:len(category_dirs)]
7  cmt = cmt / num_docs * 100
```

コード 4.23　カテゴリとクラスタの関係を可視化する

```
1  plt.figure(figsize=(16, 8))
2  sns.heatmap(cmt, annot=True, fmt="1.1f", cmap="Blues")
3  # 日本語フォントを取得する
4  fp = FontProperties(fname=get_font_path())
5  plt.xlabel("クラスタ", fontproperties=fp)
6  plt.ylabel("カテゴリ", fontproperties=fp)
7  plt.show()
```

図 4.4 に現れている数値は，全文書中における割合 (パーセント) を表して

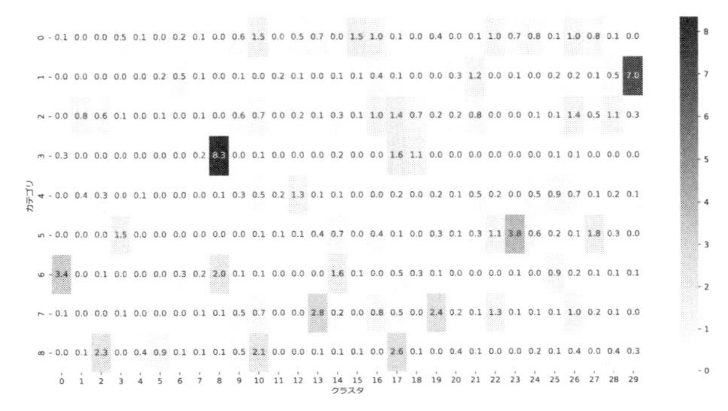

図 4.4　カテゴリとクラスタの関係を可視化

いる。たとえば，カテゴリ 3 の文書の多くがクラスタ 8 に属していることがわかる。そして，クラスタ 8 には，カテゴリ 3 以外の文書はあまり属していないことがわかる。他には，クラスタ 29 にはカテゴリ 1 の文書が集まっていることがわかる。このように，あるカテゴリの文書が固まっているクラスタもあれば，いくつかのカテゴリの文書が混ざり合っているクラスタも存在することがわかる。

クラスタは文書集合であり，その中味がどのようになっているかを可視化したい場合もあるだろう。これまでは，1 つの文書をワードクラウドで可視化することは行ってきた。しかし，クラスタは文書集合であるため，特徴を見るための工夫がすこし必要となる。クラスタ 29 の文書集合のすべての TF-IDF 重み付けによる特徴ベクトルの平均ベクトルを作成して，それをワードクラウドで表示することを行ってみよう (図 4.5)。

コード 4.24　インデックス 29 のクラスタのワードクラウドを表示する

```
1  label = 29
2  doc_ids = np.where(labels==label)[0]
3  doc_vectors = vectors_tfidf[doc_ids]
4  mean_vector = np.asarray(doc_vectors.mean(axis=0))[0]
5  show_wordcloud_by_vector(mean_vector, vocabulary)
```

クラスタ 29 はカテゴリ 1 の文書が集まっていたが，カテゴリ 1 は「MOVIE ENTER」という映画に関するカテゴリであることから，クラスタの内容がうまく表現されていると考えられる。

図 4.5　インデックス 29 のクラスタのワードクラウド

4.2.3 特徴ベクトルの正規化と K-Means によるクラスタリング

次に，非階層クラスタリングによるクラスタリングを行ってみよう。非階層クラスタリングでは K-Means 法と呼ばれる手法を用いてみよう。階層クラスタリングと違い，あらかじめクラスタ数を決めておかなくてはならない。今回は，クラスタ数を 9 として K-Means 法でクラスタリングを行うこととしよう。

K-Means 法では，まず，すべての文書をランダムにクラスタに割り振って，与えられた数のクラスタを作成する。そして，各クラスタの重心を求めて，各文書との距離を計算できるようにする。次に，すべての文書を改めて最も近いクラスタに属するものとして更新する。これを，変化がほとんど起こらなくなるまで繰り返すということを行う。

このように，K-Means 法では，クラスタの重心を求める計算と，距離の計算を行う必要がある。そのため，これまでに何度か言及しているように，特徴ベクトルの正規化を検討する必要がある。特徴ベクトルの正規化には，L1 正規化や L2 正規化などがある。それぞれ，元の特徴ベクトルを L1 ノルムや L2 ノルムで割ることによって求めることができる。

ここでは，潜在的意味解析による次元圧縮を行った特徴ベクトルに対して，L2 正規化を行うことにしよう。特徴ベクトルの正規化を行うためには，Scikit-learn にある関数 `normalize` を用いるとよい。

コード 4.25　L2 正規化を行う

```
1  vectors_lsa_norm = normalize(vectors_lsa, norm="l2")
```

今回は，関数 `normalize` の引数 `norm` に `"l2"` という値を与えており，L2 正規化が行われる。引数 norm に"l1"を与えることで L1 正規化が，また，"max"を与えることですべての次元の値における最大値を 1 にする正規化が行われる。今回は，L2 正規化を行ったため，すべての特徴ベクトルの長さ (L2 ノルム) が 1 となった。

L2 正規化を行うことで，特徴ベクトルの加算において，より長い文書の特徴ベクトルが加算の結果により大きく反映されるというようなことはなくなる。また，L2 正規化を行った特徴ベクトルは，原点から見たときに半径 1 の超球面上にある点と考えることができる。そのため，ユークリッド距離を求めた場合の最大値は 2 となることがわかるだろう。

今回は，TF-IDF 重み付けを行った特徴ベクトルを，潜在的意味解析によって次元圧縮し，それを正規化した。しかし，TF-IDF 重み付けを行う際に正規化を行ってしまうということもしばしば行われる。その場合は，先述したとおり，TfidfVectorizer を利用する際に，引数 norm で適切な設定を行えばよい。

では，K-Means 法によるクラスタリングを行ってみよう。Scikit-learn に用意されている KMeans というクラスを用いる。

コード 4.26　K-Means 法でクラスタリングを行う

```
1  num_clusters = 9
2  clustering_kmeans = KMeans(n_clusters=num_clusters)
3  labels = clustering_kmeans.fit_predict(vectors_lsa_norm)
```

クラスタリングの結果は，変数 labels に取得されているので，調整ランド指数を計算してみよう。

コード 4.27　K-Means 法の結果の調整ランド指数を表示する

```
1  print(adjusted_rand_score(df["category"], labels))
```

調整ランド指数は約 0.44 であり，今回は，階層クラスタリングのときよりも良い結果になっていることがわかる。結果の可視化を行ってみよう。結果を見てみると，クラスタリングによって作られたほとんどのクラスタは，同一のカテゴリに属する文書で構成されていることがわかる。今回は，インデックス 0 のクラスタのみ，いくつかのカテゴリからの文書が混在しているようである。

章 末 問 題

(1) 前章での章末問題で作成した文書群に対する特徴ベクトルをクラスタリングせよ。各クラスタがどのような内容の文書を含むか確かめよ。

Chapter 5 ネットワーク分析

モノとモノとのつながりを表現する手法として，グラフ (構造) がある。グラフ構造はモノをノード，つながりをエッジで表現する。たとえば，SNS であれば，ノードをユーザとして，エッジをフォロー関係として表現できる。Web ページのリンク関係であれば，ノードを Web ページとし，エッジをリンクの有無で表現する。また，ノードを商品，エッジを商品の併買関係で表現すれば，商品間の関係をグラフとして表現することもできる。これらはいずれも意味するものは異なるがグラフ構造として表現することで同一の分析方法を用いることができる。本章ではグラフの数学的な定義を述べるとともに，その分析方法について解説する。また，Wikipedia Clickstream データセットを題材に分析結果について述べる。

5.1 グラフ理論

5.1.1 グラフの定義

グラフはモノとモノとのつながりを数学的に表現したものであり，モノをノード，つながりをエッジで表現する。グラフにはエッジの方向を考慮するかどうかで以下の 2 種類がある。

- 無向グラフ：エッジの方向を考慮しない。
- 有向グラフ：エッジの方向を考慮する。

無向グラフ G を数学的に表現すると以下のようになる。

$$G = (V, E)$$

$$V = \{v_1, \cdots, v_i, \cdots, v_n\}$$

$$E = \{e_1, \cdots, e_j, \cdots, e_m\}$$

V はノードの集合，E はエッジの集合である。集合の要素数の表記に倣い，ノード数を $|V|$，エッジ数を $|E|$ と表記する。また，エッジは両脇のノードの組で表現し，以下のように表記する。

$$e_j = (v_{j_1}, v_{j_2})$$

なお，無向グラフでは，順番は考慮せず，$(v_{j_1}, v_{j_2}) = (v_{j_2}, v_{j_1})$ と扱う。一方，有向グラフでは，G, V, E の定義は同じであるが，エッジの向きを考慮するため，$(v_{j_1}, v_{j_2}) \neq (v_{j_2}, v_{j_1})$ と扱う。また，エッジに対して重みを割り当てた重みつきのグラフもあるが，ここでは扱わない。

5.1.2 次　　数

次数とは，あるノードとつながっているエッジの数であり，ノードごとに定義される。これも無向グラフと有向グラフで定義が異なる。たとえば，図 5.1 では v_1 の次数は 1 であり，v_2 の次数は 3 である。

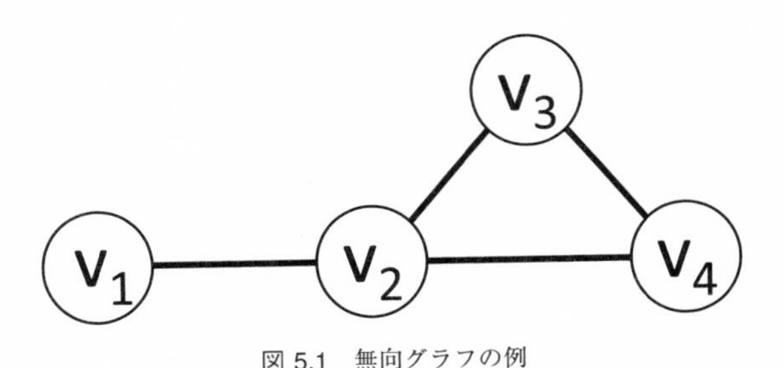

図 5.1　無向グラフの例

一方，有向グラフでは次数には入次数 (いりじすう) と出次数 (でじすう) の 2 種類がある。入次数は，あるノードへつながっているエッジの数で，出次数は，あるノードからつながっているエッジの数である。たとえば，図 5.2 では，v_2 の入次数は 1，出次数は 2 である。また，v_1 の出次数は 1 であり，入次数は 0 となる。

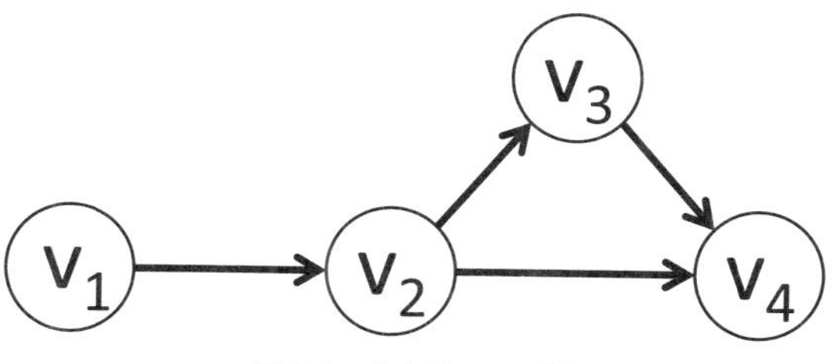

図 5.2 有向グラフの例

5.1.3 部分グラフと連結成分

■ **部分グラフ** あるグラフから一部のノードとそれらの間のエッジのみを抜き出して作成したグラフを部分グラフと呼ぶ。部分グラフ $G' = (V', E')$ は $V' \subset V$, $E' \subset E$ を満たし，さらに，E' の各エッジの両端はすべて V' に含まれている必要がある。

■ **連結成分** グラフは必ずしもすべてのノードが間接的につながっている必要はない。より厳密に言えば，任意の 2 つのノード間に必ずしも経路が存在するとは限らない。たとえば，図 5.3 ではグラフは 2 つの部分に分かれている。このような各部分のことを連結成分と呼ぶ。連結成分をより厳密に定義すると，任意の 2 つのノード間に経路が存在する部分グラフとなる。

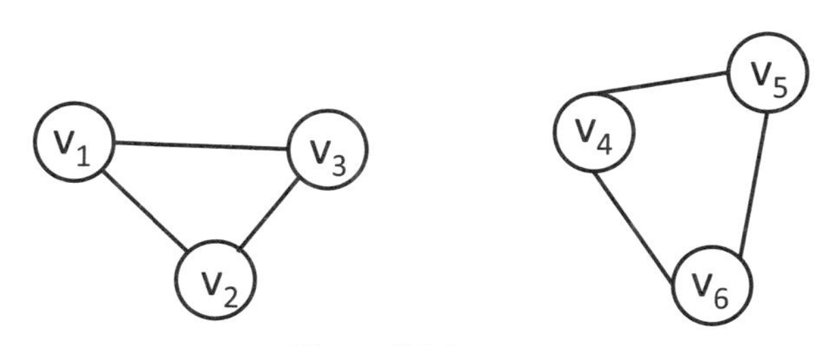

図 5.3 連結成分の例

また，有向グラフにおいては経路の存在を考えるときにエッジの向きを考慮する強連結成分と考慮しない弱連結成分がある。これはそれぞれ以下のように定義できる。

- 強連結成分：有向グラフにおいて任意の 2 つのノード間に経路が存在する部分グラフ

- 弱連結成分：有向グラフを無向グラフに変換したときに任意の2つのノード間に経路が存在する部分グラフ

5.1.4 エゴグラフ

エゴグラフは起点となるノードからの r 本以下のエッジをたどって到達できるノードとそれらの間のエッジからなる部分グラフである。このときの起点となるノードをエゴノード，r をエゴグラフの半径と呼ぶ。半径が明示されていない場合は半径は1，すなわちエゴノートに隣接しているノードからなるエゴグラフであることが多い。また，エゴグラフにエゴノード自体を含む場合と含まない場合があるが，今回はエゴノードを含む場合のエゴグラフを対象とする。

エゴグラフの使用例としては，分析対象がネットワーク全体でなく特定のノードである場合がある。この場合は分析対象をそのノードの周辺に限定し，エゴグラフを使用することがある。また，ネットワークデータの規模が大きすぎて収集に膨大な時間がかかる場合がある。このような場合は，1つもしくは複数のノードからスタートしてノードを収集するが，これはエゴグラフを構築およびそれらを統合することと同じことである。

5.2 ノードの分析手法

5.2.1 中心性

グラフの中における各ノードの重要さとして中心性という概念がある。代表的な中心性の指標としては，以下の3つがある。

- 次数中心性 (degree centrality)
- 近接中心性 (closeness centrality)
- 媒介中心性 (betweenness centrality)

まず，次数中心性であるがこれは各ノードの次数に注目したものであり，ノードの次数で表現する。これは「多くのノードとつながっているノードは重要」という考え方に基づくものである。

続いて，近接中心性であるが，これは「ネットワークの中心に位置するものは重要」という考え方に基づくものである。ネットワークの中心はどのノードからも近いと考えられるため，他のノードからの最短経路の平均が小さければ，ネットワークの中心であると考えられる。よって，近接中心性は，他のノードへの最短距離の平均の逆数として定義される。

最後に媒介中心性であるが，これは任意の 2 つのノード間の最短経路によく出現するものは重要であるという考え方に基づいている。たとえば，図 5.4 のノード v_3 や v_4 は媒介中心性が高い。ノード v の媒介中心性は v 以外の任意の 2 つのノードの組合せのうち最短経路に v を含む組合せの割合として定義される。図 5.4 の v_3，v_4 の媒介中心性は $6/10 = 0.6$，他のノードの媒介中心性は $0/10 = 0$ となる。

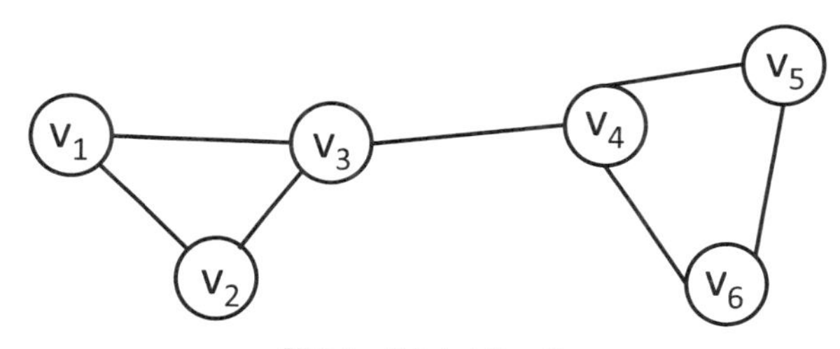

図 5.4　媒介中心性の例

計算量の観点から 3 つの中心性を比較してみよう。次数中心性は計算の際に対象のノードと隣接するノードのみを調べればよいのに対し，近接中心性は対象のノード以外の $|V|-1$ 個のノードについてもすべて調べる必要があるだけではなく，最短経路も求める必要がある。さらに媒介中心性になると，対象のノード以外の任意の 2 つのノードに対して最短経路を求める必要があるが，これは $(|V|-1)(|V|-2)/2$ 通りある。このように近接中心性，媒介中心性はかなり計算量が多いため，対象とするネットワークの規模が大きくなると，計算にかなりの時間を要する。

5.2.2 リンク解析

Web のリンク解析によって Web ページの重要性を定義する手法はさまざま提案されている。リンク解析では，Web ページをノードとし，リンク関係をエッジとする有向グラフとして Web を表現している。そのため，リンク解析の手法を Web 以外の有向グラフに適用することも可能である。本項では，リンク解析の手法の中から PageRank について取り上げる。なお，無向グラフを双方向のエッジが常に存在する有向グラフとみなして PageRank を適用することも可能である。

PageRank は Web ページの重要さをリンク解析によって定義したものであり，Google の創業者である Sergey Brin と Lawrence Page によって 1998 年に提案された。PageRank の基本的な考え方は「よい Web ページはよい Web ページからリンクされている」というものである。PageRank のアルゴリズムを簡略化したものを以下に示す。

1）初期値としてすべてのページに同一のスコアを与える。

2）各ページのスコアをリンク先のページへ等分に配分し，分配されたスコアの合計を各ページの新しいスコアとする。

3）スコアの変化が少なければ終了し，そうでなければ，2) に戻る。

これを繰り返すと，各ページのスコアは一定の値に収束するのでこの値を各ページの PageRank 値とする。

別の観点から説明したものとしてはランダムサーファーモデルがある。これはランダムにリンクをたどる Web ページの閲覧者 (ネットサーファー) を想定し，一定時間後にそのランダムサーファーが各ページを閲覧している確率を PageRank 値とするというものである。ランダムサーファーは一定時間ごとに以下の行動をとるものとする。

- 確率 d で現在いるページにあるリンクのうちのどれかをたどる。
- 確率 $1-d$ でランダムにページを選んで直接移動する。これはリンクをたどらずに URL を直接入力するような状況を想定している。

どちらの行動でもランダムに選択されるページは等確率で選ばれるものとする。たとえば，ランダムサーファーが現在いるページに l 個のリンクがあった場合はリンク先のページのうちの 1 つが選ばれる確率は d/l となる。

ページ i の PageRank 値 p_i は以下のようになる。

$$p_i = (1-d) + d \sum_{(v_j, v_i) \in E} \frac{p_j}{outdeg(j)}$$

なお，$outdeg(j)$ はページ j の出次数である。

上記の式ではいずれのページも $(1-d)$ の値は共通だが，この値に差を付けることにより，特定のページとのリンク関係を重視することができる。このような手法は Personalized PageRank と呼ばれる。

5.3 コミュニティ抽出

人のネットワークを考えると均一につながっているわけではなく，グループが構成されることも多い。このようなグループをコミュニティと考える。

5.3.1 連結成分分解を用いたコミュニティ抽出

最も単純なケースはネットワークがつながっていない部分 (連結成分) が存在するケースである。このような場合は連結成分を 1 つのコミュニティとみなして分割する。しかし，多くの場合はグラフがコミュニティの単位で完全に分割されていることは少なく，間接的につながっている中でも特に密につながっている部分をコミュニティとして抽出するアルゴリズムが必要となる。

5.3.2 グラフクラスタリングによるコミュニティ抽出

グラフを対象としたクラスタリングアルゴリズムにはさまざまなものがあるが，今回は媒介中心性に基づく手法である Girvan–Newman アルゴリズムとモジュラリティに基づく手法である Newman アルゴリズムを取り上げる。

■ 媒介中心性に基づくグラフクラスタリング　5.2.1 ではノードに対する媒介中心性について解説したが，エッジについても同様の定義ができる。ノードの媒介中心性が自分以外の任意のノード間の最短経路にそのノードを含む割合として定義されるのに対し，エッジの媒介中心性は，任意のノード間の最短経路にそのエッジを含む割合として定義される。

Girvan–Newman アルゴリズムでは，媒介中心性の高いエッジはコミュニティの架け橋の位置にあるとみなし，媒介中心性の高い順にエッジを除去し，グラフを連結成分に分割していく。図 5.5 の例を考えると点線で表すエッジは媒介中心性が高い。これを削除すると，v_1, v_2, v_3 からなる連結成分と v_4, v_5, v_6 からなる連結成分に分けることができる。それぞれの連結成分をコミュニティと

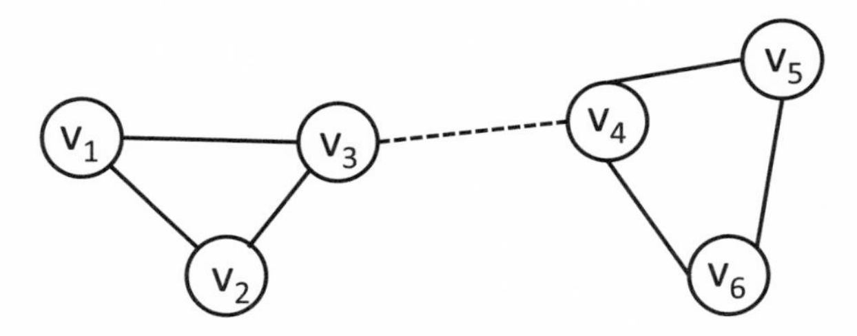

図 5.5　媒介中心性に基づくクラスタリングの例

みなす。

このアルゴリズムではコミュニティ数 N_c をあらかじめ決めておき，「各エッジの媒介中心性を (再) 計算」と「媒介中心性の高いエッジをグラフから削除」の処理をコミュニティ数が N_c になるまで繰り返すというものである。Girvan–Newman アルゴリズムでは大きな (1 つの) コミュニティを分割し，複数のコミュニティを生成していくという分割型のアプローチをとっている。

■ **モジュラリティに基づくグラフクラスタリング**　前述の Girvan–Newman アルゴリズムは分割型のアプローチをとっていたが，それとは逆に (1 つのノードからなる) 小さなコミュニティを統合し，大きなコミュニティを構成していくアプローチもある。このようなアプローチを凝集型と呼ぶ。以下で説明する Newman アルゴリズムは凝集型のアプローチを取る。このアルゴリズムでは，コミュニティ内だけで密につながると大きくなるような指標であるモジュラリティに注目する。グラフのモジュラリティ Q は以下の式で計算できる。

$$Q = \frac{m}{M} - \sum_{i \neq j, c_i = c_j} \frac{d_i d_j}{4M^2}$$

なお，m は同一コミュニティに属するノード間のエッジの数，M は全エッジ数，d_k はノード k の次数とする。また，c_k はノード k が属するコミュニティとし，$i \neq j, c_i = c_j$ はノード i, j は同じコミュニティに属するが，異なるノードであることを意味する。つまり，この式の第 1 項は同一コミュニティ内のエッジの割合，第 2 項は各ノードの次数が実際のグラフと同じになるようにランダムにエッジを生成した場合に同一コミュニティのノード間にエッジが生成される確率を意味する。

最も単純なアルゴリズムは，コミュニティの数が 1 になるまで「現在のコミュニティのうちの 2 つを統合する方法の中で Q が最大のものを採用」と「Q を再計算」を繰り返し，この過程で Q が最大だった時点の分け方を採用するというものである。なお，前者の処理では，統合前より悪化する場合もある。この手法は単純でわかりやすいが，処理速度が遅いという問題があるため，Q の計算にはより高速なアルゴリズムが用いられることが多い。

5.4　分析事例：Web サイトの行動履歴

5.4.1　準　備

Web サイトの行動履歴のデータとして，Wikipedia Clickstream データセット [*1] を使用する。このデータは，Wikipedia のあるページから別のページへの移動履歴の一部を月ごとにまとめたデータであり，ページ間の移動回数が 10 回以上のものが収録されている。ダウンロードできるデータは以下の形式の tsv ファイルを gz 形式で圧縮したものである。

出力：
```
移動元のページ名　　移動先のページ名　　ページ間の移動方法　　回数
```

tsv は tab separated values を意味し，各項目がタブで区切られたデータ形式である。このデータでは，ページ間の移動方法として link (Wikipedia 内でのリンクによる移動)，external (外部からのリンクによる移動)，other (検索エンジンなどによる移動) の 3 種類が定義されているが，今回は link のみを対象にする。

link 関係をエッジとみなし，今回は重みなしの無向グラフを構築することを考える。今回は 2022 年 1 月の日本語版の Wikipedia のデータ `clickstream-jawiki-2022-01.tsv.gz` をダウンロードして使用する。変数 `PATH` にはこのファイルを置いたディレクトリを指定する。第 2 章で述べた方法でファイルをアップロードした場合は「`PATH="./"`」で構わない。

まず，コード 5.1 を実行して必要となるモジュールを読み込んでおく。

コード 5.1　必要なモジュールの読み込み
```
1  import gzip
```

*1) https://dumps.wikimedia.org/other/clickstream/readme.html

```
2  import networkx as nx
3  from networkx.algorithms.community.centrality import girvan_newman
4  from networkx.algorithms.community import
       greedy_modularity_communities
```

圧縮したまま無向グラフを作成するにはコード 5.2 のようにすればよい。

コード 5.2 tsv.gz からの無向グラフの作成

```
1  g = nx.Graph()
2  with gzip.open(PATH + "clickstream-jawiki-2022-01.tsv.gz",
       mode="rt", encoding="utf-8") as f:
3      for line in f:
4          src, dst, kind, num = line.strip().split("\t")
5          num = int(num)
6          if kind == "link":
7              g.add_edge(src, dst)
8  print(g)
```

出力：

```
Graph with 800818 nodes and 3827042 edges
```

今回は使用していないが，変数 num にはリンクが使用された回数が代入されているので，g にエッジを追加するときの条件に num を使った条件も追加することによってエッジを絞り込むこともできる。

ちなみに圧縮されていない tsv ファイルを使用する場合は，gzip.open ではなく，組み込み関数の open を用いてテキストファイルとして，コード 5.3 のように処理すればよい。

コード 5.3 tsv からの無向グラフの作成

```
1  g_tsv = nx.Graph()
2  with open(PATH + "clickstream-jawiki-2022-01.tsv", mode="r",
       encoding="utf-8") as f:
3      for line in f:
4          src, dst, kind, num = line.strip().split("\t")
5          num = int(num)
6          if kind == "link":
7              g_tsv.add_edge(src, dst)
8  print(g_tsv)
```

また，有向グラフにする場合はコード 5.4 のように nx.Graph の代わりに nx.DiGraph を用いればよい。無向グラフのときとノード数は同じだが，エッジ数が多いことがわかる。

コード 5.4 tsv.gz からの有向グラフの作成

```
1  g_directed = nx.DiGraph()
2  with gzip.open(PATH + "clickstream-jawiki-2022-01.tsv.gz",
       mode="rt", encoding="utf-8") as f:
3      for line in f:
4          src, dst, kind, num = line.strip().split("\t")
5          num = int(num)
6          if kind == "link":
7              g_directed.add_edge(src, dst)
8  print(g_directed)
```

出力：

```
DiGraph with 800818 nodes and 4824315 edges
```

このデータの分析方法としては，どのようなページが人気であるかを分析することも考えられるが，ここではあるページが関係したナビゲーションを分析することによって，その分野で重要な概念やそれらのクラスタリングを行うことを考える。今回は「データサイエンス」を対象とした半径 2 のエゴグラフを作成する。また，今回はエゴノード (「データサイエンス」) も含んだエゴグラフを作成する。

まずは，元のグラフ g にノード「データサイエンス」が含まれているかをコード 5.5 で確認する。True が表示されれば含まれており，False が表示されれば含まれていないことになる。

コード 5.5 グラフにノードが含まれているかの確認

```
1  print("データサイエンス" in g)
2  print("データ科学" in g)
```

出力：

```
True
False
```

今回使用するデータには「データサイエンス」は含まれているが，「データ科学」は含まれていない。

「データサイエンス」のノードが存在することがわかったので，nx.ego_graph を用いてエゴグラフを作成する。この関数の代表的な引数は以下のとおりである。

- 第 1 引数：エゴグラフを抽出するグラフ

- 第 2 引数：起点となるノード (エゴノード)
- radius: エゴグラフの半径。省略すると 1 が指定されたとみなす。
- center: エゴノードをエゴグラフに含むかどうか。False を指定するとエゴノードを除いたグラフが生成される。省略すると True が指定されたとみなす。

g から「データサイエンス」を中心に半径 2 でエゴノードを含む状態でエゴグラフを作成するにはコード 5.6 のようにすればよい。

コード 5.6 「データサイエンス」を中心としたエゴグラフの作成

```
1  g_ds = nx.ego_graph(g, "データサイエンス", radius=2, center=True)
2  print(g_ds)
```

出力：

```
Graph with 594 nodes and 1658 edges
```

元のグラフ g に比べてかなり小規模なグラフになったのがわかる。また，このエゴグラフに「データサイエンス」が含まれているかはコード 5.7 で確認でき，確かに含まれていることがわかる。

コード 5.7 エゴグラフに「データサイエンス」が含まれているかの確認

```
1  print("データサイエンス" in g_ds )
```

出力：

```
True
```

以降ではこの g_ds に対して分析を行っていく。

5.4.2 ノードの分析

各中心性を求めるには以下のような関数を用いる。

- 次数中心性：nx.degree_centraility
- 近接中心性：nx.closeness_centrality
- 媒介中心性：nx.betweenness_centrality

これらの使用方法は共通していて，引数として分析対象のグラフを指定すると，返り値としてノードをキー，中心性の値をバリューとした dict 型の値を返す。

たとえば，g_ds の次数中心性はコード 5.8 で求められる。

コード 5.8 次数中心性の算出

```
1  cent_d = nx.degree_centrality(g_ds)
```

d の中身をすべて表示しても数が多くてわかりにくいので，中心性の値の上位 10 件を表示してみる。コード 5.9 では見やすさのために print の代わりに display を用いているが，print でも構わない。

コード 5.9 次数中心性の上位 10 件の表示

```
1 display(sorted(cent_d.items(), key=lambda t: -t[1])[:10])
```

出力：

```
[('人工知能', 0.1973),
 ('アルゴリズム', 0.1433),
 ('計算機科学', 0.1147),
 ('学問の一覧', 0.0995),
 ('統計学', 0.0927),
 ('横浜市立大学', 0.0826),
 ('社会科学', 0.0793),
 ('山中竹春', 0.0675),
 ('機械学習', 0.0607),
 ('金融工学', 0.0590)]
```

コード 5.10 を用いると，近接中心性で同様のことを行うことができる。

コード 5.10 近接中心性の算出と上位 10 件の表示

```
1 cent_c = nx.closeness_centrality(g_ds)
2 display(sorted(cent_c.items(), key=lambda t: -t[1])[:10])
```

出力：

```
[('データサイエンス', 0.5099),
 ('人工知能', 0.4523),
 ('アルゴリズム', 0.4206),
 ('計算機科学', 0.4203),
 ('機械学習', 0.3980),
 ('情報工学', 0.3977),
 ('統計学', 0.3953),
 ('社会科学', 0.3826),
 ('データマイニング', 0.3782),
 ('パターン認識', 0.3782)]
```

次数中心性では「学問の一覧」などデータサイエンスと密接に関係していないページが上位に出現したり，「データサイエンス」自体が上位に出現しないなどの問題があったが，近接中心性では「データサイエンス」の中心性が最も高く，「学問の一覧」も上位に出現しなくなっているのがわかる。

コード 5.11 を用いて，媒介中心性の場合も試してみよう。

コード 5.11　媒介中心性の算出と上位 10 件の表示

```
cent_b = nx.betweenness_centrality(g_ds)
display(sorted(cent_b.items(), key=lambda t: -t[1])[:10])
```

出力：

```
[('データサイエンス', 0.3922),
 ('人工知能', 0.2888),
 ('アルゴリズム', 0.1889),
 ('横浜市立大学', 0.1233),
 ('統計学', 0.1180),
 ('計算機科学', 0.1157),
 ('山中竹春', 0.1133),
 ('機械学習', 0.0671),
 ('金融工学', 0.0639),
 ('IT スキル標準', 0.0636)]
```

近接中心性の場合と比べると大学名や人名が上位に含まれるのが特徴的である。上記の例にある大学はデータサイエンス学部を有する大学として，人名はデータサイエンスを専門とする研究者としてデータサイエンスとは関係が深い。また，一方で上記の例にある大学はデータサイエンス以外の学部もあり，それらの分野に関するページとつながっており，人名は 2022 年時点での横浜市長でもあり，政治に関するページともつながっていると考えられるが，それらのページは「データサイエンス」やそれに関係するページとは直接つながっているものは少ないと考えられる。このようなことからこれらのノードは異なる分野に関するページの架け橋になるノードであり，定義よりこのようなノードの媒介中心性の値が高くなるのは納得できる。

続いて，PageRank についても見てみよう。PageRank の値はコード 5.12 で算出できる。なお，5.2.2 で示した式の d は引数 alpha として指定できる。

コード 5.12　PageRank の算出と上位 10 件の表示

```
pr = nx.pagerank(g_ds, alpha=0.85)
display(sorted(pr.items(), key=lambda t: -t[1])[:10])
```

出力：

```
[('人工知能', 0.0356),
 ('アルゴリズム', 0.0231),
 ('山中竹春', 0.0179),
 ('横浜市立大学', 0.0174),
 ('計算機科学', 0.0166),
 ('統計学', 0.0152),
 ('学問の一覧', 0.0127),
 ('社会科学', 0.0110),
 ('IT スキル標準', 0.0099),
 ('機械学習', 0.0098)]
```

次数中心性のよる結果 (コード 5.8) に近い結果になった。

ここで Personalized PageRank を適用してみよう。「統計学」に注目し，エッジをたどらない場合に「統計学」に移動する確率を 0.1 と他より高めに設定するとコード 5.13 のようになる。

コード 5.13　Personalized PageRank の算出と上位 10 件の表示

```
1  pr_biased = nx.pagerank(g_ds, alpha=0.85,
       personalization={"統計学": 0.1})
2  display(sorted(pr_biased.items(), key=lambda t: -t[1])[:10])
```

出力：

```
[('統計学', 0.2281),
 ('分散_(統計学)', 0.0218),
 ('学問の一覧', 0.0177),
 ('正規分布', 0.0153),
 ('標準偏差', 0.0140),
 ('機械学習', 0.0120),
 ('社会科学', 0.0119),
 ('相関係数', 0.0117),
 ('中心極限定理', 0.0114),
 ('データマイニング', 0.0105)]
```

このように Personalized PageRank では特に注目したいノードを指定して重要なノードを求めることができる。

また，PageRank は通常は有向グラフに対して使用する手法であるため，有向グラフ g_directed からエゴグラフをつくって PageRank を適用してみよう。まず，コード 5.14 によって有向グラフからエゴグラフを作成することができる。

コード 5.14　有向グラフからのエゴグラフの作成

```
1  g_ds_directed = nx.ego_graph(g_directed, "データサイエンス", radius=2,
       center=True, undirected=True)
2  print(g_ds_directed)
```

出力：

```
DiGraph with 594 nodes and 2082 edges
```

nx.ego_graph の引数に undirected=True を指定することによって半径 2 で到達可能なノードを求める際にエッジの向きを無視している。このエゴグラフに PageRank を適用するにはコード 5.15 のようにすればよい。

コード 5.15　有向グラフでの PageRank の算出と上位 10 件の表示

```
1  pr_biased = nx.pagerank(g_ds_directed, alpha=0.85)
2  display(sorted(pr_biased.items(), key=lambda t: -t[1])[:10])
```

出力：

```
[('統計学', 0.2438),
 ('ベイズ統計学', 0.0318),
 ('分散_(統計学)', 0.0256),
 ('中心極限定理', 0.0217),
 ('ベイズ確率', 0.0208),
 ('多変量解析', 0.0205),
 ('主成分分析', 0.0188),
 ('正規分布', 0.0177),
 ('標準偏差', 0.0164),
 ('尤度関数', 0.0164)]
```

無向グラフに対して PageRank を適用した場合 (コード 5.12) とは異なる結果になった。どちらがよい結果と言えるかは読者の判断に任せたい。

5.4.3　コミュニティ抽出

続いてコミュニティ抽出である。Girvan–Newman アルゴリズムによってコミュニティ数を 4 としてコミュニティ抽出するとコード 5.16 のコードのようになる。ここで使用する関数 girvan_newman の返り値はイテレータという型であり，for で値を取り出す度に１つのコミュニティを分割した結果が得られる。コード 5.16 では変数 clusters に結果を代入している。そのため，n 分割するために n-1 回ループを回した結果を clusters に代入し，結果を表示している。また，得られるコミュニティごとにノード数は異なり，clusters に格納される順番もノード数の順というわけではないので，ノード数の降順に clusters をソートして各コミュニティの情報を表示している。さらに，各コミュニティに対してノードの数を表示するとともに，次数中心性の上位 5 件ずつノードを表示している。

コード 5.16 Girvan–Newman アルゴリズムによるコミュニティ抽出

```
1 n = 4
2 comp = girvan_newman(g_ds)
3 for i, clusters in zip(range(n-1), comp):
4     pass
5 for c in sorted(clusters, key=len, reverse=True):
6     print(len(c), sorted(c, key=lambda el: -cent_d[el])[:5])
```

出力：

```
492 ['人工知能', 'アルゴリズム', '計算機科学', '学問の一覧',
    '統計学']
52 ['横浜市立大学', '日本の大学一覧', '東日本の大学一覧',
    '横浜市', '東京都立大学_(2020-)']
37 ['山中竹春', '2021 年横浜市長選挙', '藤木幸夫', '小此木八郎',
    '横浜市長']
13 ['バズワード', '若者言葉', 'インディーゲーム', 'ジャーゴン',
    '流行語']
```

この例では，１つ目のコミュニティがかなり大きく，データサイエンスに関する学術的な内容はここに集まっているようである。他のコミュニティは比較的規模が小さく，たとえば，２つ目のコミュニティは大学，４つ目のコミュニティは「データサイエンス」という言葉をバズワードとして捉えたときに関連するものが集まっているようである。

また，モジュラリティに基づくグラフクラスタリングは関数 greedy_modularity_communities を用いて，コード 5.17 のように実行できる。このアルゴリズムではモジュラリティが増加しなくなるまでコミュニティの統合を繰り返すので，コミュニティ数は指定しなくても自動的に決まる。

コード5.17 モジュラリティに基づくグラフクラスタリングによるコミュニティ抽出

```
clusters = greedy_modularity_communities(g_ds)
for c in clusters:
    print(len(c), sorted(c, key=lambda el: -cent_d[el])[:5])
```

出力：

```
143 ['人工知能', '機械学習', 'データマイニング',
    'ニューラルネットワーク', 'パターン認識']
120 ['アルゴリズム', '計算機科学', 'コンピュータ', '数学',
    '応用数学']
111 ['学問の一覧', '横浜市立大学', '社会科学', '科学', '学問']
57 ['山中竹春', '宮田裕章', '日本', '2021年横浜市長選挙',
    '藤木幸夫']
45 ['データサイエンス', 'バズワード', 'ビッグデータ',
    'メタバース', 'カオス理論']
37 ['ITスキル標準', '基本情報技術者試験', 'ITパスポート試験',
    '情報技術', '高度情報処理技術者試験']
37 ['統計学', '分散_(統計学)', '正規分布', '中心極限定理',
    '確率論']
27 ['金融工学', 'ブラック-ショールズ方程式', '金融経済学',
    'モンテカルロ法', '伊藤清']
15 ['Google', 'YouTube', 'Alphabet_(企業)', '成田悠輔',
    'Amazon.com']
2 ['バラク・オバマ', 'Qアノン']
```

小さなものも含め，10個のコミュニティに分割された。解釈可能なものもそうでないものもあるが，たとえば，以下のような解釈ができる。

- 1つ目のコミュニティ：人工知能分野
- 2つ目のコミュニティ：人工知能分野などを除いた分野
- 6つ目のコミュニティ：資格試験
- 7つ目のコミュニティ：統計学
- 8つ目のコミュニティ：金融分野

章末問題

(1) Wikipedia Clickstream データセットから「データサイエンス」以外のノードを選び，それを中心とした半径 2 のエゴグラフを作成し，5.4 節と同様の分析をせよ。各自の興味のある分野や詳しい分野で行うことが好ましい。

Chapter 6

評価データ分析

ECサイト，動画共有サイト，ソーシャルネットワークサービスなどさまざまなWebシステムにおいて，現在では利用者一人一人にあった情報提示が行われている。Amazonの「この商品を購入した人はこんな商品も購入しています」という機能は最も有名なものの1つであろう。ECサイトに限らずとも，利用者の好みにあった記事やコンテンツを提示することは，自社サイトを多くの利用者に利用してもらうための重要な機能である。

Webサイトには，利用者のそのサイト上の商品やコンテンツに対する評価データが貯められている。たとえば，ECサイトであれば，商品のレビューやレビュー中の評点などである。他にも，利用者がどの商品を購入したかという購買履歴や，どのような記事に長く滞在したかといった情報も，利用者の好みを反映した評価データと言える。そうした評価データを分析することで，利用者一人一人の好みを見つけ，その利用者が好むであろうコンテンツを提示することが可能となる。本章では，それを実現するための技術である情報推薦技術について，実際のデータを用いながら説明していく。

6.1 推薦システムの目的

利用者一人一人にあったコンテンツを提示する推薦システムは，現在のWebシステムにおいて広く用いられている技術である。商品を売る物理的な店舗とWeb上のECサイトを比較して，推薦システムの有効性について考えてみよう。物理的な店舗では，販売スペースや人件費の制約上，主力商品にコストを割く必要があり，売れ筋でない商品を仕入れ，販売することが難しい場合がある。一方，Web上のバーチャルな店舗では，物理的なスペースの制約は存在せず，多様な商品をユーザに提示することができる。また，一人一人にあった情報の提示についても，いったんその機能を実現すれば，利用者が何名であっても，同じ技術を用いることができる。

一人一人好みが異なる利用者の嗜好を適切に捉えることができれば，そのECサイトの主力商品だけでなく，ニッチな商品も利用者に届けることができるだろう。その結果，物理的な制約を受ける店舗では，売り上げの大部分を主力商品が占めるのに対して，Web上の店舗ではニッチな商品の売り上げも大きな割合を占めることになる。この現象はロングテールとしてよく知られる。その一方で，大量に存在する商品やコンテンツの中から，利用者が好むであろうものを発見することは容易ではない。利用者の評価データや購買履歴を分析することで，それを実現することが推薦システムの目的である。

6.2 利用するデータ

本章では，映画に対する評価データを用いる。具体的には，ミネソタ大学の研究グループが提供するMovieLensデータセットを用いる。MovieLensデータセットは推薦システムに関する著名なデータセットの1つであり，使用するMovieLens-100kデータセットは映画に対する評価(1点〜5点)が記録されている。MovieLens-100kデータセットの簡単な統計情報は以下の通りである。

- ユーザ数：943人
- 映画数：1,682件
- ユーザと映画の組数：100,000件

データセットのより詳しい説明は，`https://grouplens.org/datasets/movielens/100k/` から確認できる。本節で使用するデータよりも規模の大きいデータも，MovieLensのサイト[*1)]にて公開されている。本書で必要となるモジュールをインストールし，データセットを読み込むには以下のコードを実行する。

コード6.1 5章で用いるデータの準備

```
1  import numpy as np
```

*1) `https://grouplens.org/datasets/movielens/`

```
2  import pandas as pd
3  from scipy import stats
4  import matplotlib.pyplot as plt
5  import japanize_matplotlib
6  import zipfile
7  import codecs
8  from sklearn.metrics.pairwise import cosine_similarity
9  from sklearn.decomposition import NMF
10 
11 with zipfile.ZipFile("./ml-100k.zip") as f:
12     f.extractall()
13 
14 df = pd.read_csv("ml-100k/u.data",
15                  sep="\t", header=None,
16                  usecols=[0,1,2],
17                  names=("user_id", "movie_id", "rating"))
```

読み込んだデータの形式を見てみよう。

コード 6.2 読み込んだデータの出力

```
1  df.head()
```

扱うデータの形式は，(ユーザ ID, 映画 ID, 評価値) の組で表されている。たとえば 1 行目の意味は，ユーザ ID196 番のユーザが映画 ID242 番の映画に対して 3 点の評価を付けた，ということを表している。このままのデータ形式だと扱いづらいため，ユーザを行，映画を列としたデータに変換する。また，映画 ID のままではユーザがどんな映画に評価したのかが把握しづらいため，映画 ID を映画名で表示するようにしよう。

コード 6.3 データの前処理

```
1  rating = df.pivot(index="user_id",
2                    columns="movie_id", values="rating")
3 
4  with codecs.open("ml-100k/u.item", "r", "utf-8", errors="ignore") as
       f:
5      items = pd.read_csv(f, sep="|", header=None)
6 
7  # 後でmovie_id -> movie 名に変換するために利用
8  MOVIE_DICT = list(items[1])
9  MOVIE_DICT = {i+1: v for i, v in enumerate(MOVIE_DICT)}
10 print(f"{rating.shape[0]}行 {rating.shape[1]}列")
11 # 映画ID を実際の映画名に変換してデータを表示
```

```
12 rating = rating.rename(columns=MOVIE_DICT)
13 rating.head()
```

movie_id	Toy Story (1995)	GoldenEye (1995)	Four Rooms (1995)	Get Shorty (1995)	Copycat (1995)
user_id					
1	5.0	3.0	4.0	3.0	3.0
2	4.0	NaN	NaN	NaN	NaN
3	NaN	NaN	NaN	NaN	NaN
4	NaN	NaN	NaN	NaN	NaN
5	4.0	3.0	NaN	NaN	NaN

図 6.1 前処理後の結果

このコードを実行した結果を図 6.1 に示す。このデータは 943 行 1,682 列の DataFrame で表されており，943 がユーザ数，1,682 が映画数である。たとえば，1 行目は user_id が 1 のユーザは Toy Story に 5 点，GoldenEye に 3 点の評価を与えたことを表している。また，表中の NaN は欠損値と呼ばれる値であり，まだ評価が得られていないことを表している。なお，ユーザを行，アイテムを列として各要素を評点とした行列はユーザ–アイテム評価値行列と呼ばれる。実際の評価データでは，各ユーザが評価するアイテムは Web サイトが扱う全アイテムの一部であることが多く，残りのアイテムについては欠損値として表される。評点の分布は以下のようになっており，4 点と評価された回数が最も多い。

コード 6.4 評点の分布を求めるコード

```
1 print(f"評点の平均: {df['rating'].mean():.2f} 点")
2 print(f"1点と評価された回数: {len(df[df['rating']==1])} 回")
3 print(f"2点と評価された回数: {len(df[df['rating']==2])} 回")
4 print(f"3点と評価された回数: {len(df[df['rating']==3])} 回")
5 print(f"4点と評価された回数: {len(df[df['rating']==4])} 回")
6 print(f"5点と評価された回数: {len(df[df['rating']==5])} 回")
```

出力：

```
評点の平均: 3.53 点
```

```
1 点と評価された回数: 6110 回
2 点と評価された回数: 11370 回
3 点と評価された回数: 27145 回
4 点と評価された回数: 34174 回
5 点と評価された回数: 21201 回
```

1 人のユーザが何件の映画を評価しているのかについても見ておこう。次のコードを実行したものが図 6.2 として出力される。なお，今回用いるデータセットは，各ユーザ少なくとも 20 件の映画を評価している。

コード 6.5 1 人のユーザが評価した映画数のヒストグラム

```
plt.xlabel("評価数")
plt.ylabel("ユーザ数")
plt.hist(rating.count(axis=1), bins=50)
plt.show()
```

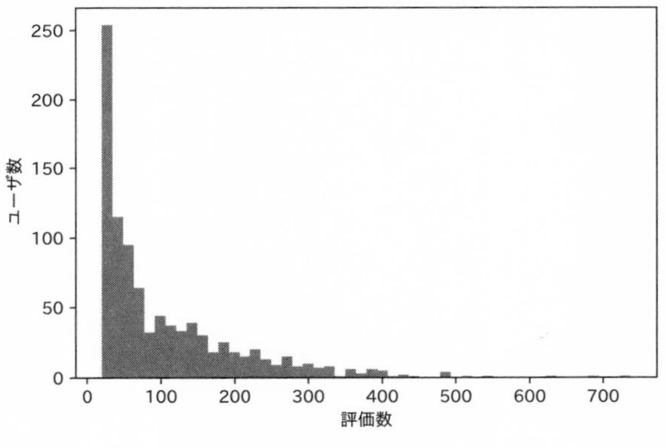

図 6.2 評価数の分布

さて，この評価データを用いて映画に関する推薦システムを構築することを考える。ユーザが高い評価を付けた映画に「似た」映画を見つけることができれば，ユーザはその映画に対しても高く評価するだろうと考えることは自然である。そのためのアプローチとして，大きく 2 つのアプローチが考えられる。

1 つ目は，内容の類似性に基づくアプローチである。映画であれば監督が同じである，続編である，出演者が類似している，同じジャンルである，といったように映画の内容に基づく類似性を考慮し，似た映画を発見することができる。つまり，ユーザが高く評価した映画と中身が類似する映画であれば，やはり高く評価するだろう，という考え方である。このアプローチは，推薦したいアイテムの内容に基づいて類似性を考えるため，内容ベースの情報推薦と呼ばれる。内容の類似性を計算する具体的な手法として，第3章で扱ったテキストの類似性に基づいたアイテム同士の類似性を評価することができる。

2つ目は，推薦したいユーザの評価だけを考えるのではなく，他者の評価を考慮することで，推薦すべきアイテムを発見する手法である。推薦を提示したいユーザが高い評価を付けた映画に対して，同じように高い映画を付けた別のユーザがいたとする。そのユーザがほかにも高い評価を付けている映画がわかれば，その映画は推薦したいユーザも気に入ると考えられる。このような考え方に基づく推薦技術は協調型推薦あるいは協調フィルタリングと呼ばれる。本章では協調フィルタリングについて詳しくみていく。

6.3 ユーザベースの協調フィルタリング

ユーザベースの協調フィルタリングでは，「評価の傾向が類似するユーザが付けた評価と同じような評価をするだろう」というアイデアに基づいて評点の予測を行い，評価値が高いと予測された商品を推薦する手法である。まずは簡単な例で考え方を説明しよう。図6.3は，あるECサイトにおいて，4人のユーザが5つの商品に対して1点から5点の5段階で商品を評価した様子を示している。1点が最も低い評価，5点が最も高い評価である。さて，今ユーザ1は商品5に対する評価をまだ行っていない。ユーザ1は商品5に対して高い評価を

評価が類似

評価が非類似

	商品1	商品2	商品3	商品4	商品5
ユーザ1	3	1	4	5	?
ユーザ2	3	2	4	5	5
ユーザ3	2	4	2	2	2
ユーザ4	2	1	3	2	3

図6.3　ユーザベースの協調フィルタリングの考え方

するだろうか，それとも低い評価をするだろうか。もしも高い評価をすることが事前にわかれば，この商品をユーザに推薦することで購入してくれる可能性は高くなるだろう。

ここで，ユーザ1とユーザ2の商品1から商品4に対する評点をみてみると，ユーザ1が1点と評価した商品2はユーザ2も2点と低い点数を付けており，商品3と4については両者とも高い点数を付けており，お互いの評点は似た傾向であることがわかる。一方で，ユーザ1とユーザ3の評点はそのようなわかりやすい規則性は見つけられず，お互いの評点はバラバラであることがわかる。このように，評点の傾向を見れば，好みが一致するユーザとそうでないユーザが見えてくる。ユーザベースの協調フィルタリングの基本的な考え方は，このような評価の傾向が一致するユーザの情報を用いて評点を予測する。ユーザ1と評点の傾向が類似するユーザ2は商品5に対して5点の高い評価をしており，ユーザ1もこの商品を気に入ると考えられる。さて，実際にユーザベースの協調フィルタリングを行うためには，評点の傾向が似ているかどうかを定量的に計算する必要がある。ユーザ間の評点の類似度としては相関係数やコサイン類似度が用いられる。ユーザ u_a と u_b 間の評点の相関係数 $\mathrm{sim}(u_a, u_b)$ は以下の式で求めることができる。

$$\mathrm{sim}(u_a, u_b) = \frac{\sum_{i \in I_{ab}} (r_{a,i} - \overline{r_a})(r_{b,i} - \overline{r_b})}{\sqrt{\sum_{i \in I_{ab}} (r_{a,i} - \overline{r_a})^2} \sqrt{\sum_{i \in I_{ab}} (r_{b,i} - \overline{r_b})^2}}$$

ここで，I_{ab} はユーザ u_a と u_b が共通で評価している商品集合，$\overline{r_a}$，$\overline{r_b}$ はそれぞれ u_a と u_b の評点の平均，$r_{a,i}$ と $r_{b,i}$ はそれぞれ u_a と u_b が商品 i に対して与えた評点を表している。相関係数は -1 から1までの値をとり，一方のユーザが高い (低い) 評価を与えた商品に対してもう一方のユーザも高い (低い) 評価を与えていると相関係数は1に近づく。相関係数が0に近いほど，お互いの評価はバラバラであると考えることができる。

図6.3に示したデータを pandas の DataFrame オブジェクトとして読み込み，この DataFrame に対して相関係数を求めてみよう。以下のコードを実行すると，図6.4のように，4行5列の DataFrame が得られる。

コード6.6　例題を DataFrame として作成する

```
1  data = [
```

```
2 {"商品 1": 3.0,"商品 2": 1.0,"商品 3": 4.0,"商品 4": 5.0, "商品 5": np.
      nan},
3 {"商品 1": 3.0,"商品 2": 2,"商品 3": 4,"商品 4": 5, "商品 5": 5},
4 {"商品 1": 5,"商品 2": 1,"商品 3": 3,"商品 4": 2, "商品 5": 2},
5 {"商品 1": 2,"商品 2": 1,"商品 3": 3,"商品 4": 2, "商品 5": 3}
6 ]
7 df_ex = pd.DataFrame(data, index=["ユーザ 1", "ユーザ 2", "ユーザ 3", "
      ユーザ 4"])
8 df_ex.head()
```

	商品1	商品2	商品3	商品4	商品5
ユーザ1	3.0	1.0	4.0	5.0	NaN
ユーザ2	3.0	2.0	4.0	5.0	5.0
ユーザ3	5.0	1.0	3.0	2.0	2.0
ユーザ4	2.0	1.0	3.0	2.0	3.0

図 6.4 図 6.3 に示したデータを DataFrame として読み込んだ様子

Python で相関係数を求める方法はいくつかあるが，pandas が提供する corrwith 関数は複数のデータと特定のデータとの相関係数を求める際に便利な関数である。ユーザ 2 とユーザ 3 それぞれについて，ユーザ 1 との相関係数を求めるコードは以下のようになる。

コード 6.7 相関係数を計算する

```
1 corr = df_ex.loc[["ユーザ 2","ユーザ 3"]].corrwith(df_ex.loc["ユー
      ザ 1"],axis=1)
2 print(f"ユーザ 1とユーザ 2の相関係数:{corr['ユーザ 2']:.2f}")
3 print(f"ユーザ 1とユーザ 3の相関係数:{corr['ユーザ 3']:.2f}")
```

出力：

```
ユーザ 1 とユーザ 2 の相関係数:0.98
ユーザ 1 とユーザ 3 の相関係数:0.26
```

ユーザ 1 とユーザ 2 の相関係数の方が，ユーザ 3 との相関係数よりも高いことがわかる。相関係数が求められれば，最も類似度の高いユーザを見つけて，そのユーザの評点を予測したいユーザの評点とする考え方ができる。この考え

方をこの例題に適用すれば，ユーザ1の商品5に対する予測はユーザ2の商品5に対する評点，すなわち5点と予測すればよい。これは，最近傍法と呼ばれる考え方である。

実際には，類似するユーザとして複数を考え，評点を予測することが行われる。ミネソタ大学の研究グループが提案したGroupLensと呼ばれる手法は，以下の式で評点を予測する。

$$\text{predict}\left(u_a, i\right) = \overline{r_{u_a}} + \frac{\sum_{u_b \in U_s} \text{sim}\left(u_a, u_b\right) \cdot \left(r_{u_b,i} - \overline{r_{u_b}}\right)}{\sum_{u_b \in U_s} \text{sim}\left(u_a, u_b\right)}$$

ここで，U_s はユーザ a と評点が類似するユーザ集合である。この式のアイデアは，類似するユーザがある商品に対して普段より高い評点を付けていれば，その商品に対していま予測したユーザも普段より高い評点を付けるだろう，という考え方である。各ユーザの評点を求めてみよう。

コード 6.8　各ユーザの評点の平均を求める

```
1  df_ex.mean(axis=1)
```

類似ユーザとして2人のユーザを考慮して予測を行うとすると，ユーザ1との相関係数が高いユーザ2とユーザ4が選ばれる。この2人のユーザを用いてユーザ1に対する商品5に対する評点を実際に計算してみると，$3.25 + \frac{0.98(5-3.80)+0.72(3-2.60)}{0.98+0.72} = 4.2$ 点と予測され，ユーザ1の普段の評点の平均よりも高い評価を付けることがわかる。このように，協調フィルタリングでは，推薦したいユーザだけでなく他者の評価の情報を用いて評点を予測する。

6.4 MovieLensデータセットを用いたユーザベースの協調フィルタリング実践

それでは，実際のデータセットに対してユーザベースの協調フィルタリングを実装してみよう。図6.1に示した `user_id` が1のユーザに対する予測を行うことを考えてみる。まずはこの対象ユーザが評価した映画数と，どのような映画に対して評価を行っているのかを確認してみよう。

コード 6.9　対象ユーザの評価の確認

```
1  # 予測対象のユーザID
```

```
2   target_user = 1
3   print(f"評価した映画数 {rating.loc[target_user,:].count()} 件")
4   # 実際の評点を表示
5   display(rating.loc[target_user,:].dropna())
```

次に，予測対象の映画を決めるため，このユーザが未評価の映画を抽出してみよう。

コード 6.10　未評価の映画を 10 件抽出する

```
1   unrated_movies = rating.loc[target_user][rating.loc[target_user].
        isnull()].index
2   # 10件抽出
3   unrated_movies = unrated_movies[:10]
4   # ユーザ 1が未評価の映画 10件
5   print(list(unrated_movies))
```

1 行目では，対象ユーザの行について，欠損値となっている列だけ抽出し，次にそのインデックスを抽出することで，未評価の映画のリストを取得している。ここでは，未評価の映画である，Heat (1995) を例にとり，評点を予測してみよう。ここからのコードは，以下のような流れになる。

- 評価対象の映画を評価しているユーザ集合を取得する
- 対象ユーザと評価が似ている類似ユーザ集合を抽出する
- 類似ユーザ集合の評点を用いて対象ユーザの評点を予測する

まずは，評価対象の映画を評価しているユーザを抽出する。

コード 6.11　評価対象の映画を評価しているユーザ集合を取得する

```
1   # 評価対象の映画名
2   target_movie = "Heat (1995)"
3   # 評価対象の映画名を評価済みのユーザ
4   target_users = rating.dropna(subset=[target_movie], axis=0)
```

次に，このユーザの中から，評点の傾向が類似するユーザを抽出しよう。ここでは類似するユーザ 20 人を取得する。相関係数の計算には，`corrwith` 関数を用いる。

コード 6.12　類似ユーザを抽出する

```
1   corrs = target_users.corrwith(rating.loc[target_user], axis=1)
2   # 相関係数の降順でユーザをランキング
3   similar_users = corrs.sort_values(ascending=False)[:20]
4   # 上位 5人表示
```

```
similar_users.head()
```

参考までに，相関係数が最も高いユーザ 754 とユーザ 1 との評価を比べてみよう。高い評点を付けた映画，低い評点を付けた映画がある程度一致していることがわかる。

コード 6.13　相関係数が最も高いユーザとの評価を比べる

```
rating.loc[[target_user, 754]].dropna(how="any", axis=1)
```

movie_id user_id	Dead Man Walking (1995)	Mr. Holland's Opus (1995)	Rock, The (1996)	Twister (1996)	Godfather, The (1972)	Jerry Maguire (1996)	Jungle2Jungle (1997)	My Best Friend's Wedding (1997)
1	5.0	5.0	3.0	3.0	5.0	2.0	1.0	2.0
754	4.0	5.0	4.0	2.0	4.0	3.0	1.0	3.0

図 6.5　相関係数が最も高いユーザとの評点の比較

類似ユーザ集合が得られたので，これらのユーザ集合を用いて評点を予測する。まずは評点を予測する関数を定義しておこう。

コード 6.14　評点を予測する

```
# ユーザ 1の評点の平均
mean_score = rating.loc[target_user].mean()
for user_id, cor in similar_users.iteritems():
    score += cor * (rating[target_movie][user_id] - rating.loc[
        user_id].mean())
# 類似ユーザの類似度の合計で割る
score = score / np.sum(similar_users)
# 最後に対象ユーザの平均評点を加える
score += mean_score
print("ユーザID {} の平均評点 = {:.2f} 点".format(target_user,
    mean_score))
print("ユーザID {} の 映画 {} に対する予測 = {:.2f} 点".format(
    target_user, target_movie, predicted_score))
```

出力：

```
ユーザ ID 1 の平均評点 = 3.61 点
ユーザ ID 1 の 映画 Heat (1995) に対する予測 = 3.62 点
```

ユーザ 1 の平均評点が 3.6 点で，予測も 3.6 点ということで，ユーザ 1 が特に気に入る映画ではなさそうである。それでは，他の未評価の動画についても評価してみよう。これまでの一連の流れを 1 つの関数にまとめよう。この関数は，予測対象のユーザの ID と予測したい映画の名前を受け取り，予測された点数を返す。

コード 6.15　一連の流れを関数にまとめた

```
def predict_score(rating, target_user_id, target_movie_id, k=20):
    # 予測したいユーザの評点の平均
    mean_score = rating.loc[target_user].mean()
    target_users = rating.dropna(subset=[target_movie_id], axis=0)
    corrs = target_users.corrwith(rating.loc[target_user], axis=1)
    similar_users = corrs[corrs > 0].sort_values(ascending=False)[:k]
    score = 0
    # 類似ユーザがいない場合は評点を 0点とする
    if len(similar_users) == 0:
        return 0
    for user_id, cor in similar_users.iteritems():
        score += cor * (rating[target_movie_id][user_id] - rating.loc[
            user_id].mean())
    score = score / np.sum(similar_users)
    score += mean_score
    return score
```

この関数の引数として用意している k は類似するユーザとして何人のユーザを考慮するかを表している。類似ユーザ数が少なすぎるとごく一部の類似ユーザの評点に結果が影響を受けてしまい，多すぎるとあまり類似しないユーザの評点を考慮することになってしまい，両者とも予測精度を悪化させてしまう原因となる。実験により最適な人数を求めたり，類似度に閾値を求めたりすることで，サービスごとに適切な人数を類似ユーザとして用いる。

それではこの関数を用いて，さきほど抽出した 10 件の未評価の映画すべてについて，評点を予測してみよう。

コード 6.16　残りの未評価の映画について評点を予測する

```
scores = {}
for movie in unrated_movies:
    score = predict_score(rating, target_user, movie)
    scores[movie] = score
for movie, score in pd.Series(scores).sort_values(ascending=False).
    items():
    print(f"{movie}: {score:.2f} 点")
```

Sense and Sensibility (1995) が今回抽出した 10 件の未評価の映画の中では

最も高い評点となった。このようにして，ユーザの好みに一致すると考えられるアイテムを抽出することができるようになる。

6.5 アイテムベースの協調フィルタリング

先ほど説明した協調フィルタリングの考え方は，評価の傾向が似たユーザの評点を予測に用いる，というものであった。同様の考え方をアイテムについても適用することができる。すなわち，評価のされ方が類似する商品には似た評価がされるだろうという考え方であり，これはアイテムベースの協調フィルタリングと呼ばれる。アイテムベースの協調フィルタリングは，Amazon も採用していたアプローチである。ユーザベースの協調フィルタリングでは相関係数をユーザ間の類似度を計算する方法として用いた。アイテムベースの協調フィルタリングでは，コサイン類似度を用いてアイテム間の類似度を計算する方法が性能が良いことが経験的に知られている。アイテム間の類似度を求める際には，ユーザごとの平均的な評点の付けかたを考慮する必要がある。これは，同じ 4 点という評価でも，普段低い評価を多く付ける辛口なユーザが付けた 4 点と，高い評価を多く付ける甘口なユーザとではその意味合いが異なるためである。ユーザ間の類似度を求める際には，相関係数の式からわかるように，ユーザごとの評点の平均の違いは考慮されているが，アイテム間の類似度では単純に相関係数やコサイン類似度を用いたのでは不十分である。そこで，アイテム間の類似度を求める際には，評点からそれぞれのユーザの平均を引くことで，ユーザごとの評点の傾向を除くという処理が行われる。

コード 6.17　評点の補正

```
1  # ユーザごとに，そのユーザの評点の平均を引く
2  adjusted_rating = rating.apply(lambda x: x - x.mean(), axis=1)
```

2 つの映画間の評点のコサイン類似度を求める関数は以下のように書ける。共通して評価したユーザ数が少ないと類似度を適切に計算できないため，`min_user` という引数で最小のユーザ数を設定している。

コード 6.18　2 つの映画のコサイン類似度を求める

```
1  def cos_sim(movie_a, movie_b, min_user=1):
2      # a,b 両者とも評価しているユーザのデータだけ抽出
```

```
3       t = pd.DataFrame([movie_a,movie_b]).dropna(how="any", axis=1)
4       # 共通して評価したユーザがk 人以下であれば-1を返す
5       if len(t.columns) <= min_user:
6           return -1
7       return cosine_similarity([t.iloc[0]], [t.iloc[1]])[0][0]
```

ユーザ 1 が評価済みの映画をまずは抽出しよう。

コード 6.19 評価済みの映画を求める

```
1   # ユーザ 1が評価済みの映画のみ抽出
2   rated_movies = rating.loc[:, ~rating.loc[target_user].isnull()].
        columns
3   rated_movies
```

ここでは，Heat (1995) と類似する映画を求めてみよう。以下の関数は，Heat (1995) と評価済みのすべての映画それぞれについてコサイン類似度を求める。

コード 6.20 評価済みのアイテムとの類似度を求める

```
1   cos = lambda x: cos_sim(x, adjusted_rating.loc[:, target_movie])
2   # ユーザ 1が評価済みのアイテムすべてについてコサイン類似度を計算
3   sim = adjusted_rating[rated_movies].apply(cos)
4   # コサイン類似度順に映画を表示
5   sim.sort_values(ascending=False)
```

アイテムベースの協調フィルタリングだと Heat (1995) が最も高い値となっているのがわかる。また，ユーザベースの協調フィルタリングで高い評点となった Sense and Sensibility (1995) も上位にランキングされている。

6.6 行列分解に基づく協調フィルタリング

ユーザベースやアイテムベースの協調フィルタリングは，相関係数やコサイン類似度などのあらかじめ用意した類似度関数に従ってユーザ間やアイテム同士の類似度を求め，類似するユーザやアイテムから評点を予測する手法であった。推薦する際に，扱うデータの構造をより柔軟に捉えたい場合がある。たとえば，映画であればアクション好き，ヒューマンドラマ好き，若者に支持される映画，といったように，映画にはなんらかの特徴があると考えられる。また，ユーザの方もアクションを好むユーザ，ヒューマンドラマを好むユーザなどの特徴がある。しかし，こうした特徴を事前に定義するのは難しく，また，言葉

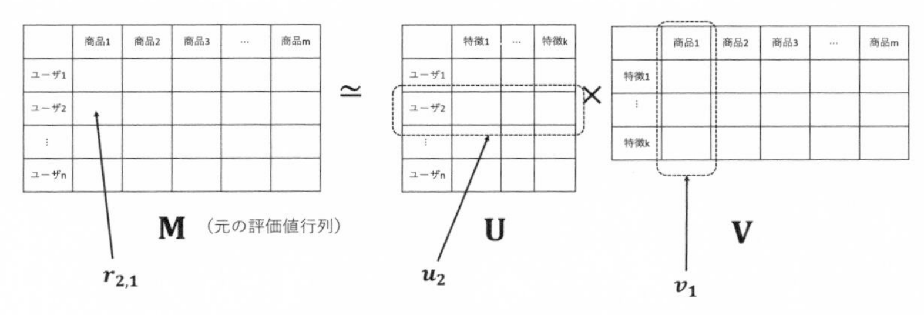

図 6.6 評価値行列を 2 つの行列に分解する

としても上手く表現できない場合も多い。評価データから柔軟にこうした特徴を捉えたい場合がある。

行列分解に基づく協調フィルタリングは，考え方としては第 3 章で説明した次元圧縮と同一の考え方である。行列分解の考え方を図 6.6 に示す。いま，ユーザ数を n，アイテム数を m とすると，評価値行列 $\mathbf{M}$ は n 行 m 列の行列として表現される。行列分解に基づく協調フィルタリングの考え方は，$\mathbf{M}$ を $n \times k$ の行列 $\mathbf{U}$，$k \times m$ の行列 $\mathbf{V}$ という 2 つの低ランクの行列で近似することである。

ユーザ i の商品 j に対する評点を $r_{i,j}$ とすると，以下の式のように，分解された $\mathbf{U}$，$\mathbf{V}$ のそれぞれユーザ i，商品 j に対応するベクトル $\mathbf{u}_i$，$\mathbf{v}_j$ の内積を取ることで，評点を計算することができる。

$$r_{i,j} = \mathbf{u}_i \cdot \mathbf{v}_j$$

行列分解の考え方は，元の行列を隠れた k 個の特徴で表現しようとしていると捉えることもできる。この隠れた特徴のことを潜在因子，その数 k を因子数と呼ぶこともある。

さて，このような行列の分解方法はさまざまあり，第 3 章で述べた SVD を用いることもできる。ここでは，非負値行列因子分解 (NMF) を用いた手法について説明する。NMF は各要素が負でない行列を，同じく各要素が負でない 2 つの行列に分解する手法である。分解後の行列の各要素の値がいずれも負ではないため，結果の解釈が用意である，という利点がある。また，後述するコードで示すように，Python で容易に試すことができる。それでは，NMF によりユーザ–アイテム行列 $\mathbf{M}$ を分解してみる。

sklearn モジュールに含まれる nmf モジュールを使用する。このモジュールで提供されるNMFは欠損値を扱うことができないため，まずは評価値行列の欠損値を何らかの埋める必要がある。欠損値を埋める方法や平均や最頻値，0で埋める方法などさまざまなものがあり，今回は欠損値を0で埋め，行列分解を適用する。なお，NMFでは欠損値を欠損値のまま扱う手法も存在する。

コード6.21 欠損値を0で埋める

```
1  M = M.fillna(0)
```

NMFによる行列分解を行う際は，因子数kをあらかじめ指定する必要がある。因子数を20としてNMFによる分解を行ってみよう。

コード6.22 NMFによる行列分解

```
1  nmf = NMF(n_components=20, max_iter=500, init='random', random_state
       =0)
2  U = nmf.fit_transform(M)
3  V = nmf.components_;
```

元の評価値行列Mを近似した行列は$\mathbf{M}_r = \mathbf{UV}$として得られる。

コード6.23 近似された評価値行列を確認する

```
1  M_r = np.dot(U, V)
2  print(M_r.shape)
3  M_r
```

こうして得られた行列$\mathbf{U}$，$\mathbf{V}$は，ユーザやアイテムが行列分解の結果得られた潜在因子にどれだけ関連しているかを表している。この結果を分析することで，データの背後にある隠れた特徴を知ることができる。たとえば，行列$\mathbf{V}$の各潜在因子について，どのような映画が高い値となっているかを確認することで，どのような因子を表しているのかを知ることができる。13番目の潜在因子について，値が高い映画を表示してみるコードは以下のようになる。値を-1しているのは，インデックスが0番目から始まるためである。

コード6.24 k番目の潜在因子に対して高い値を持つ映画を表示する

```
1  k=13
2  print(rating.columns[np.argsort(H[k-1,:])[::-1]][:10].tolist())
```

この特徴は，Beauty and the Beast，The Lion King，Snow White and the Seven Dwarfsといった映画が高い値となっており，ディズニーやアニメーションなどに関する映画が表れていることがわかる。すべての特徴が人間にとって理解しやすい形で現れるとは限らないが，今見たように，評価値行列を行列分解することで，ユーザの評価データを利用して映画やユーザのクラスタを発見することにも用いることができる。それでは，実際に NMF に基づく評点の予測を行ってみよう。近似された評価値行列 $\mathbf{M}_r$ に予測された評点が計算されているので，未評価の映画について予測された評点が高い映画を抽出してみよう。未評価の映画すべてについて評点を抽出する関数は以下のように書ける。

コード 6.25　NMF に基づく評点の予測

```
1  def predict_scores_by_nmf(target_user):
2      # target_user の全映画に対する評点
3      scores = M_r[target_user-1]
4      # target_user がすでに評価している映画のリスト
5      rated_movies = rating.loc[:, (rating.loc[target_user].notnull
           ())].dropna().columns
6      # 予測された評点の高い映画ID のリストを求める
7      ranking = np.argsort(scores)[::-1]
8      results = []
9      for i in ranking:
10         movie_id = i + 1
11         # すでに評価した映画だったらskip
12         if movie_id in rated_movies:
13             continue
14         else:
15             results.append((movie_id, scores[i]))
16     return results
```

未評価の映画に対する予測された評点が最も高い映画上位 10 件を表示してみよう。

コード 6.26　NMF で予測された評点の高い映画を表示する

```
1  scores = predict_scores_by_nmf(target_user)
2  for i, score in scores[:10]:
3      movie_name = MOVIE_DICT[i]
4      print(f"映画:{movie_name}, 評点:{score:.2f}")
```

6.7　明示的評価付けと暗黙的評価付け

本章で扱った評価データは，ユーザが映画に対して 1 点から 5 点の評点を付けたデータであった。このような評価は，ユーザが自ら評点を付与する，という点で明示的に評価されたデータである。このような評価付けは，ユーザの好みを適切に反映されている一方で，多くのコンテンツについてそのような評価をユーザにしてもらうのはコストがかかり現実的でない場合が多い。

そのため，ユーザの明示的な評価の代わりに，ユーザの購買情報やページのクリックなどいったユーザの行動を暗黙的にそのコンテンツに対する評価とみなすことが行われる。たとえば，EC サイトであれば，商品を購買したりカートに入れていれば高い評価とみなす，ニュース記事配信サイトであれば，記事をクリックした，あるいは記事を長く閲覧していれば高い評価とみなす，といったことで，擬似的に評価データを集めることができる。

章 末 問 題

(1) リスト 6.9 の予測対象のユーザ ID を変更することで，異なるユーザに対してユーザベースの協調フィルタリングの推薦結果がどのように変わるか確認してみよ。

(2) 同様に，ユーザ ID を変更することでユーザベースとアイテムベースの協調フィルタリングによって推薦される映画がどのように変わるかを確認してみよ。

Chapter 7

Webからのデータの収集

分析したいデータが常に手元にあるとは限らない。一方，Web上には必要な情報が書かれたWebページが存在する場合がある。その場合，自らWebページを収集し，Webページの構造を解析することで目的のデータだけを抽出する必要がある。

また，現在では多くのWebサービスがWeb APIと呼ばれる仕組みを使いそのサービス上のデータを提供している。Web APIを利用することで，Webページ，画像，動画といったデータだけにとどまらず，SNS上のデータ，ECサイトにおける商品情報，政府や自治体が提供する統計データなど多様なデータを収集することができる。そのような情報を利用し，すでに手元にあるデータと組み合わせることで，より価値ある分析ができるようになるだろう。

本章では，Webからのデータ収集の代表的な方法である，スクレイピングとWeb APIと呼ばれる技術について説明する。また，実際にWeb検索機能を提供するWeb APIを用いて，検索結果を取得し表示するプログラムを実装してみる。以下のコードを実行して，本書で必要なモジュールを読み込んでおこう。

コード7.1　必要なモジュールの読み込み

```
1  import pandas as pd
2  from bs4 import BeautifulSoup
3  import requests
4  import json
5  from pprint import pprint
6  from IPython.display import HTML
```

7.1 スクレイピング

Web ページの構造を解析し，必要な情報のみを抽出することをスクレイピングという。たとえば，ある企業の Web ページに掲載されているニュース記事だけを抽出したり，ある地域のイベント情報を掲載している Web ページからイベントの名前と日時を抽出したりするような作業のことを指す。人手でなくプログラムを用いて Web ページから情報を抽出することで，大量のデータを正確に抽出することができる。

7.1.1 HTMLの仕組み

Web ページは，HTML (hypertext markup language) と呼ばれる文書の構造を表現するための言語で記述されている。Web ブラウザが HTML の中身を解釈し決められたデザインを適用することで，我々が普段見ているページのかたちで表示される。

HTML の仕組みについて簡単に知るために，実際の HTML ファイルを確認してみよう。ここでは，ex1.html という HTML ファイルを題材に HTML の仕組みについて見てみる。なお，このファイルは本書のサポートサイトから取得できる。

ex1.html をメモ帳や自身で普段使用しているテキストエディタで開いてみると，図 7.1 のようなテキストになっていることがわかる。

次に，このファイルを Web ブラウザで開いてみよう。Web ブラウザは Microsoft Edge や Google Chrome など，好きなものを使って開いてよい。筆者が Google Chrome でこのファイルを表示すると，図 7.2 のような画面が表示される。

`head` や `body`，`h1` といった記号はタグと呼ばれる。HTML にはさまざまな種類のタグがあり，それぞれ文書の構造としてどのような意味を持つのかが決められている。たとえば，以下のようなタグがある。

- `head`：ページのメタデータを表す
- `body`：ページの本文を表す

```html
<!DOCTYPE html>
<html>
        <head>
                <meta charset="utf8">
                <title>太郎のページ</title>
        </head>
        <body>
                <h1>太郎のホームページ</h1>
                <div class="language">
                        <h2>好きなプログラミング言語</h2>
                        <ul>
                                <li>Python</li>
                                <li>C#</li>
                        </ul>
                </div>
                <div class="sushi">
                        <h2>好きな寿司ネタ</h2>
                        <ul>
                                <li>たい</li>
                                <li>はまち</li>
                        </ul>
                </div>
        </body>
</html>
```

図 7.1 ex1.html の中身

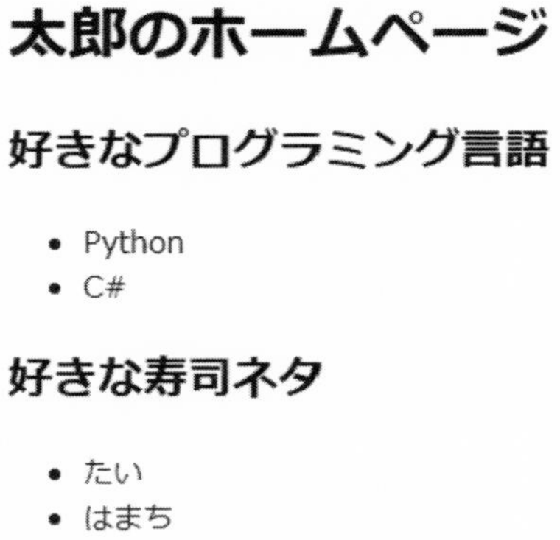

太郎のホームページ

好きなプログラミング言語

- Python
- C#

好きな寿司ネタ

- たい
- はまち

図 7.2 ex1.html を Google Chrome で表示した様子

- h1：見出しを表す
- p：段落を表す
- ul：(順序なしの) 箇条書きを表す
- a：リンクを表す

HTML にどのようなタグがあるのかは，W3Schools のページ [*1] が参考になる。HTML の規格についてはさまざまな種類があるが，執筆時点では HTML5

---

*1) https://www.w3schools.com/tags/

や HTML Living Standard と呼ばれる規格が用いられている。HTML を理解する上で重要な点は 3 点である。1 点目は，開始タグと終了タグでタグの範囲が記述される，ということである。開始タグは`<タグ名>`，終了タグは`</タグ名>`として記述される。たとえば，ex1.html の`<h1>`太郎のホームページ`</h1>`は，太郎のホームページという文字列が見出しである，ということを意味している。また，開始タグと終了タグで囲まれた範囲を要素と呼ぶ。なお，タグの中には終了タグを記述する必要ないタグもある。

2 点目は，HTML は木構造になっている，という点である。たとえば，`h2` 要素は `div` 要素の中に記述されており，さらにその `div` 要素は `body` 要素内に記述されている。このような構造は木構造と呼ばれる。図 7.3 は実際に ex1.html の `body` 要素の各要素を可視化した様子である。HTML をスクレイピングする際は，この HTML の木構造を意識することが重要となる。

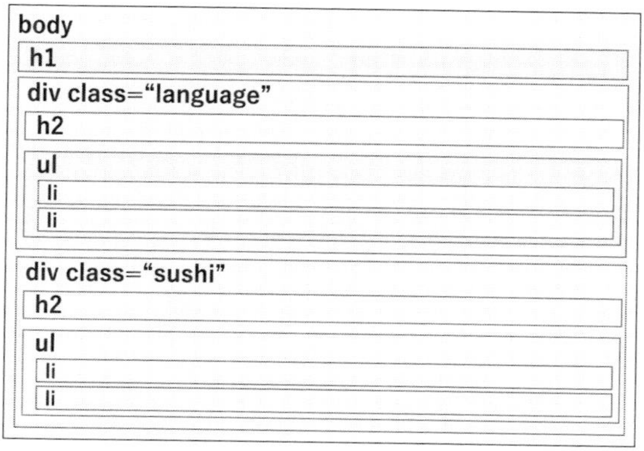

body
h1
div class="language"
h2
ul
li
li
div class="sushi"
h2
ul
li
li

図 7.3 ex1.html の body 要素を可視化した様子

3 点目は，要素には属性と呼ばれる情報を記述することができる点である。属性は属性名と属性値をそれぞれ持つことができ，たとえば，ex1.html の 1 つ目の `div` 要素は，`class` という属性名に対して属性値が `language` である属性を持っている，ということが記述してある。タグにはそれぞれ持つことができる属性が定められており，`id` 属性や `class` 属性は主に Web ページのデザインや，ブラウザ内で動的な処理を行う目的で利用される。タグがどのような属性を持つことができるのかについても W3Schools のページ [*2)] が参考になる。

7.1.2 Beautiful Soup を用いたスクレイピング

Python で HTML をスクレイピングする方法はいろいろあるが，本書では広く用いられている Beautiful Soup を用いる。Beautiful Soup は bs4 という名前のモジュールに含まれている。Python でスクレイピングする際に用いられる他のモジュールとしては，lxml や pyquery などがある。Beautiul Soup を用いて HTML を読み込んでみよう。

コード 7.2　Beautiful Soup を用いた HTML ファイルの読み込み

```
1  with open("in/ex1.html", encoding = "utf-8") as f:
2      # HTML ファイル中のテキストを取得
3      html = f.read()
4  soup = BeautifulSoup(html, "html.parser")
```

さて，ここから実際に HTML をスクレイピングしてみる。ここでは，HTML で箇条書きとして表示されている文字列をすべて列挙しよう。すなわち，`ex1.html` から Python，C#，たい，はまちという 4 つの文字列を出力することが目的である。Beautiful Soup を用いて指定したタグの要素を取り出す方法として，`find_all(タグ名)` という関数を用いる。他にも，以下のような関数がある。

- `find(タグ名)`
  - 指定したタグの要素を 1 つだけ取得する関数
- `xpath(XPath 式)`
  - XPath という，XML データに対する問い合わせ言語を用いて要素を取得する関数

箇条書きの各項目は，`<li>Python</li>` や `<li>はまち</li>` のように，`li` タグで囲われている。`li` タグで囲まれた要素をすべて取得し，各要素のテキストを出力してみよう。

コード 7.3　`li` 要素をすべて取得し，テキストを表示する

```
1  # li 要素をすべて取得
2  li_list = soup.find_all("li")
3  for li in li_list:
```

*2)　https://www.w3schools.com/tags/ref_attributes.asp

```
4        # .text とすることで要素のテキストだけ抽出できる
5        print(li.text)
```

出力：

```
Python
C#
たい
はまち
```

さきほどは箇条書きの項目をすべて列挙したが，つぎはプログラミング言語の箇条書き項目だけ列挙することを考えよう。つまり，

```
Python
C#
```

と出力することが目的である。先のコードだとすべての箇条書きを列挙してしまうため，コードを書き替える必要がある。HTML は木構造になっており，目的の要素が含まれる要素を順に抽出していくことで，目的の要素を抽出することができる。今回の例では，目的の要素は `class` 属性が `language` という値の `div` 要素に含まれている。そのため，まずはこの `div` 要素を取得する。

特定の属性名と属性値を持つ要素だけを取得するには，`soup.find_all("タグ名", 属性名="属性値")` と記述する。ただし，`class` 属性については，class という文字列が Python の予約語に含まれているため，`class` の代わりに `class_` という文字列を用いる。したがって，`class` 属性が特定の文字列となっている要素を取得する場合は，`soup.find_all("タグ名", class_="クラス名")` と記述する。実際に，クラス名に `language` と書かれた `div` タグをすべて取得してみよう。

コード 7.4　クラス名に language と書かれた div タグをすべて取得する

```
1  div_list = soup.find_all("div", class_="language")
2  print(div_list)
```

出力：

```
[<div class="language">
<h2>好きなプログラミング言語</h2>
<ul>
<li>Python</li>
```

```
<li>C#</li>
</ul>
</div>]
```

find_all() で取得した各要素についても find_all() 関数を使うことができる。これにより，木構造をたどり目的の要素だけを抽出することができる。

コード 7.5 div 要素内の li 要素のテキストを出力する

```
1 # div_list[0]内のli 要素をすべて取得
2 li_list = div_list[0].find_all("li")
3 for li in li_list:
4     print(li.text)
```

出力：

```
Python
C#
```

例題 7.1 ex1.html を Beautiful Soup で読み込み，

好きな寿司ネタ

とだけ出力するコードを書け

コード 7.6 回答

```
1 with open("in/ex1.html", encoding = "utf-8") as f:
2     html = f.read()
3 soup = BeautifulSoup(html, "html.parser")
4 for li in soup.find_all("div", class_="sushi")[0].find_all("h2"):
5     print(li.text)
```

例題 7.2 ex1.html を Beautiful Soup で読み込み，

たい

はまち

とだけ出力するコードを書け

コード 7.7 回答

```
1 with open("in/ex1.html", encoding = "utf-8") as f:
2     html = f.read()
3 soup = BeautifulSoup(html, "html.parser")
4 p_list = soup.find_all("div", class_="sushi")
5 li_list = p_list[0].find_all("li")
6 for li in li_list:
7     print(li.text)
```

7.1.3 Web 上の HTML ファイルの取得・解析

前項では手元にダウンロードしてきた HTML ファイルを解析する方法についてみてきた。今回は Web 上 [*3)] にある Web ページをダウンロードし，解析する。実際にブラウザでこのページにアクセスしてみると，このページ中に記載されている担当科目一覧を出力するコードを作成することがここでの目的である。すなわち，

出力：

```
統計学
PBL 演習 1
データ分析演習
プログラミング 3
PBL 演習 2
社会データ分析
情報アクセスシステム
研究演習 II
```

を出力するコードを作成する。また，Web ブラウザを用いて HTML 構造を解析する方法についても説明する。前項では HTML ファイル内のテキストを確認して目的となる要素を確認したが，Web ページは大量の要素で構成されることが多く，テキストエディタでは構造が把握することが難しい場合が多い。Web ブラウザには HTML の構造を容易に確認することができる機能を提供しているものがあり，その機能を利用することで抽出したい要素がどのような構造になっているかを知ることができる。

Web ページを Google Chrome で開き，抽出したい文字列にマウスカーソルを合わせて右クリックをすると，コンテキストメニューに「検証」というメニューが表示される。「検証」をクリックすると，開発者ツールという画面が新たに表示される。元のページ上でマウスを移動すると，そこに対応する要素の HTML がインタラクティブに開発者ツール上に表示される (図 7.4)。本書では Google Chrome を用いたが，他のブラウザでも同様の機能を利用することができる。

実際に開発者ツールを用いて確認すると，担当科目一覧が囲われているタグ

---

*3) https://rerank-lab.org/books/web-text/ex2.html

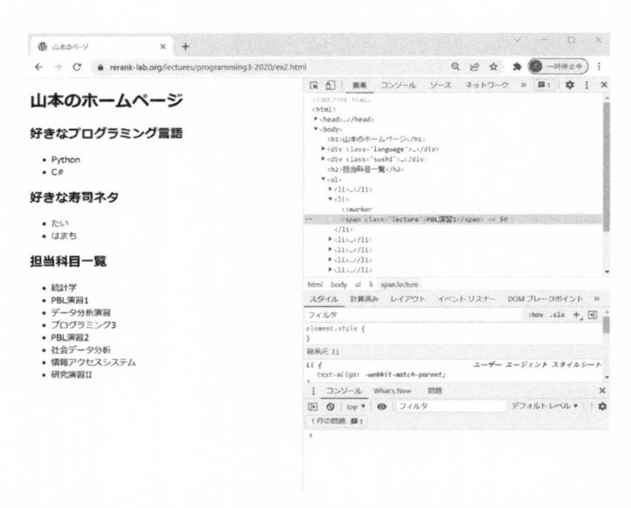

図 7.4　開発者ツールを用いて HTML ファイルの構造を確認することができる

の名前は span であり，その class 属性は lecture ということがわかる。この情報を使ってこの Web ページから担当科目一覧を出力してみよう。なお，span タグは主にデザイン用途で，一部のテキストだけデザインを変更したい場合によく用いられる。

まずは Web ページを取得し，その内容を手元のファイルに出力する。Web ページを取得する方法として本書では requests モジュールを用いる。requests モジュールを用いて Web ページをダウンロードしてみよう。

コード 7.8　Web ページをダウンロードする

```
1  # 取得したいウェブページのURL
2  url = "https://rerank-lab.org/books/web-text/ex2.html"
3  response = requests.get(url)
4  # HTML の文字コードを取得
5  response.encoding = response.apparent_encoding
6  # 取得したHTML の中身を表示
7  print(response.text)
8  # 取得したHTML を ex2.html という名前で保存
9  with open("out/ex2.html", "wt", encoding=response.encoding) as f:
10     f.write(response.text)
```

それでは，いま取得したページを Beautiful Soup で読み込み，講義名だけを出力してみよう。

コード 7.9　講義名一覧を取得する

```
with open("out/ex2.html", "r", encoding="utf-8") as f:
    html = f.read()
soup = BeautifulSoup(html, "html.parser")
# class 属性の属性値が lecture となっている span 要素を取得
for span in soup.find_all("span", class_="lecture"):
    print(span.text)
```

7.1.4　Web ページをスクレイピングする際の注意点

スクレイピングを行うことで Web ページから目的とする情報を抽出することが容易になる。また，収集した Web ページを解析し，Web ページ内のリンクを解析することで次に収集すべき Web ページを自動で発見し，次々に収集対象の Web ページを取得することで自動的に大量の Web ページから情報を収集することもできる。このような処理をクローリングと呼ぶ。

Web ページをクローリングやスクレイピングする際には，著作権やサーバへの負荷などに注意して適切にデータを取得，利用する必要がある。たとえば，ウェブサイトによってはプログラムからの自動的な情報収集を禁止している場合もある。ウェブサイト内に利用規約や，robots.txt や robots メタタグ内にプログラムからのアクセスに関する記述がある場合もある。また，1 つのウェブサイト内の複数のウェブページから情報を収集する場合は，アクセス過多でサーバに負荷をかけないように配慮する必要がある。具体的には，同じウェブサイトにアクセスする前には一定秒数待つ処理を行うとよい。また，robots.txt や robots メタタグ内にアクセスの頻度について記載されていることもある。

7.2　Web API の利用

既存の Web サービスは第三者がプログラムを通してそのサービス上のデータを利用するための仕組みを提供していることも多い。その仕組みを利用することで，プログラムから手軽にデータを取得できる。そうすることで，既存のサービスを利用しながら新しいサービスを実装したり，データ収集の手段として用いることができる。

この仕組みを実現する主なものとして，Web API がある。Web API (Web application programming interface) とは Web 上の通信を介したサービス間のやり取りを規定したものであり，Python などのプログラムを用いて利用することができる。

Web API を利用する際にはさまざまな形式のデータがやり取りされるが，代表的な形式に XML と JSON がある。本書では JSON 形式データについて説明し，実際の API の利用例を説明する。

7.2.1 JSON の 扱 い

JSON (JavaScript Object Notation) とはデータ記述言語の1つであり，Web API においてデータをやり取りする際の形式としてだけでなく，データの保管形式としても広く利用されている。JSON は Python における辞書や配列と同様の構造を記述することができる。具体的には，JSON は以下のようなデータを表現することができる。

- 文字列
- 数値
- null
- 真偽値
- 配列
- オブジェクト

オブジェクトとはキーと値の組み合わせで表現されるデータであり，Python の辞書型と同様である。オブジェクト中の値にオブジェクトを含めることができるため，JSON は複雑な構造を表現することができる。実際の JSON データの例をみてみよう。本書のサポートサイトに ex2.json というファイルがあるので取得し，テキストエディタで表示すると，図 7.5 のようになる。1 つのオブジェクトは {と} で囲われて表現される。たとえば，「名前」というキーに「兵庫太郎」という値が格納されていることがわかる。また，「担当科目」というキーに対する値は配列になっており，3 つのオブジェクトが格納されている。このような形式でデータを表現することで，柔軟なデータ構造を表現することができる。

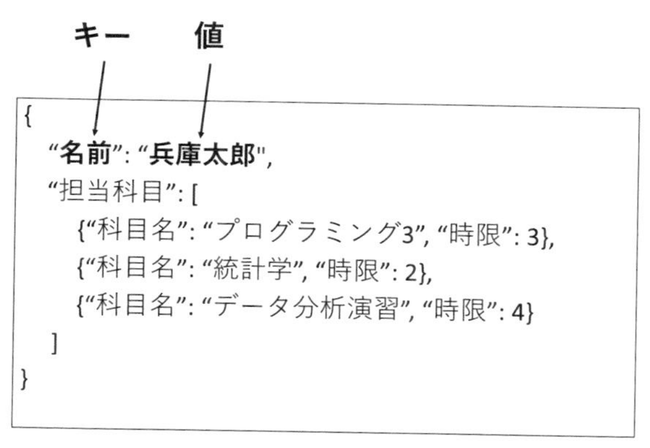

図 7.5　JSON データの例

それでは，実際に JSON データを Python から扱う方法についてみていこう。Python で JSON 形式データを扱うには json モジュールを用いる。json モジュールを用いて JSON データを読み込む処理は次のようになる。

コード 7.10　JSON を読み込む

```
1  with open("./in/ex2.json", "r", encoding="utf-8") as f:
2      data = json.load(f)
```

data に読み込まれた JSON 形式データが格納される。オブジェクトは Python の辞書型変数として利用することができる。また，値が配列となっている JSON 形式データは Python における配列のように利用することができる。

コード 7.11　JSON データ内の情報を表示する

```
1  print(data["名前"])
2  for lecture in data["担当科目"]:
3      print(lecture["科目名"])
```

出力：

```
兵庫太郎
プログラミング 3
統計学
データ分析演習
情報アクセスシステム
```

例題 7.3　ex2.json を読み込み，時限が 3 の科目名を出力するプログラムを作成せよ。

回答　以下のコードを実行すればよい。

コード 7.12　回答

```
1 with open("./in/ex2.json", "r", encoding="utf-8") as f:
2     data = json.load(f)
3 for lecture in data["担当科目"]:
4     if lecture["時限"] == 2:
5         print(lecture["科目名"])
```

7.2.2 Web API の利用例: Bing Search API を利用した Web ページの収集

それでは，実際に Web API を利用する方法についてみてみよう。ここでは，Microsoft 社が提供する Bing Search API を利用して，指定されたキーワードに関するウェブ検索結果を取得し，表示するプログラムを作ってみよう。Bing Search API は Microsoft 社が運営する検索エンジンである Bing が提供する API で，Web ページだけでなく，ニュース，画像，動画などの多様なメディアを検索することもできる。

Bing Search API を利用するためには，執筆時点では，Microsoft 社のページ [*4] に記載されている方法に従って，Bing Search API を利用するためのキーを取得する必要がある。具体的には，Microsoft アカウントを作成し，Micorosoft Azure にアクセスし，Bing Search API を利用するための登録を行い，キーを取得する。Bing Search API は検索できるコンテンツの種類によって異なる料金形態のプランが用意されているが，執筆時点では Bing Search Free F1 プランという無料で使用できるプランがある。このプランは 1 秒あたりの API の呼び出し回数が 3 回，1 か月あたりの呼び出し回数が 1,000 回までと制限があるが，無料で使用することができる。リソースの作成が終わると，Azure Portal から API を利用するためのキーを確認することができる。Web API を具体的に利用する方法は，利用するサービスによってさまざまであり，サービスごとに利用者のために API の利用方法や，JSON 形式データの構造，利用規約等について記述したページがある。たとえば，Bing Search API ではこちらのペー

---

*4) `https://docs.microsoft.com/en-us/bing/search-apis/bing-web-search/create-bing-search-service-resource`

ジ[*5)] に Python からの利用方法が記載されている。Bing Search API を利用して，与えられたキーワードに関する Web 検索結果を JSON 形式で取得してみよう。

コード 7.13 Bing Web Search API を利用して Web 検索結果を JSON 形式で取得する

```
1  def search_web(search_term):
2      # 取得したキーをここに入力する
3      SUBSCRIPTION_KEY = "********************************"
4      search_url = f"https://api.bing.microsoft.com/v7.0/search"
5      params = {"q": search_term, "count": 50, "textDecorations": True,
           "textFormat": "HTML"}
6      # HTTP リクエストのヘッダに API キーを含める
7      headers = {"Ocp-Apim-Subscription-Key" : SUBSCRIPTION_KEY}
8      # 実際にリクエストを送る
9      response = requests.get(search_url, headers=headers, params=
           params)
10     return response.json()
```

関数 search_web を用いて，神戸に関する Web 検索結果を取得し，得られた JSON 形式の文字列を表示してみよう。なお，この関数ではキーを直接プログラム中に記載する方法を取っているが，このキーは第 3 者の目に触れる場所に記述することは望ましくない。プログラム中にキーを記載することはせず，設定ファイルや実行マシンの環境変数などに格納しておくことが望ましい。

コード 7.14 神戸に関する Web 検索結果を取得する

```
1  query = "神戸"
2  search_results = search_web(query)
3  # 取得したJSON 形式のデータを表示
4  pprint(search_results)
```

pprint というモジュールは出力を整形し見やすくするために用いられる。出力を実際にみてみると，大量の文字列が表示され構造の把握が難しいかもしれないが，取得された検索結果は webPages というキーで得られるオブジェクトの value というキーにリストとして格納されている。たとえば，1 件目と 2 件目の Web 検索結果のタイトルを表示するコードは次のようになる。

---

*5) https://docs.microsoft.com/en-us/bing/search-apis/bing-web-search/quickstarts/rest/python

コード 7.15 1 件目と 2 件目の Web 検索結果のタイトルを表示する

```
1 print(search_results["webPages"]["value"][0]["name"])
2 print(search_results["webPages"]["value"][1]["name"])
```

出力：

```
Feel KOBE 神戸公式観光サイト - 神戸の観光スポットやイベント ...
神戸市：ホーム
```

最後に，先ほど紹介した Microsoft 社のページに記載されているコードを用いて，得られた検索結果を HTML 形式で表示してみよう。

コード 7.16 検索結果を HTML で表示する

```
1 rows = "\n".join(["""<tr>
2                         <td><a href=\"{0}\">{1}</a></td>
3                         <td>{2}</td>
4                       </tr>""".format(v["url"], v["name"], v["snippet"])
5                   for v in search_results["webPages"]["value"]])
6 HTML("<table>{0}</table>".format(rows))
```

このように，Web API を使うことで，既存のサービスが提供するデータを Web 検索結果を簡単に取得することができる。

7.3 おわりに

本章では，Web からのデータ収集の代表的な方法である，スクレイピングと Web API の利用方法について紹介した。必要な情報が Web ページに記述されているのであれば，分析したいデータが手元にない場合でもスクレイピングを用いることでデータを収集することができる。また，Web API を活用することで，1 からサービスを作ることなく，既存のサービスが持つデータを活用した分析が可能となる。

一方で，分析したいデータを提供する Web ページやサービスがないこともある。そのような場合には，Web を介して多くの人に仕事を依頼することができるクラウドソーシングを用いることもできる。クラウドソーシングを用いることで，たとえば自社の新商品に関する印象や感想，あるトピックに関するまとめなどを簡単に多くの人に依頼することができる。我が国ではランサーズ [*6)]

*6) https://www.lancers.jp/

やクラウドワークス[*7)]などのサービスが有名である。

章末問題

(1) 兵庫県立大学社会情報科学部の教員一覧[*8)]ページをスクレイピングし，教員名を出力するプログラムを作成せよ。

(2) Bing Search API を利用しキーワードに関する Web 検索結果を取得せよ。そして，得られた Web 検索結果をクラスタリングすることでキーワードに関するトピックがどのようなものがあるか確認せよ。

(3) Bing Search API は Web ページの他にもニュースを検索することができる。Microsoft 社のページ[*9)]を確認しながら，キーワードに関するニュースを取得するためのプログラムを作成せよ。

---

*7) https://crowdworks.jp/

*8) https://www.u-hyogo.ac.jp/sis/information/teacher.html

*9) https://docs.microsoft.com/en-us/bing/search-apis/bing-news-search/overview

索　　引

欧　字

あ　行

か　行

さ　行

た　行

な　行

編集者略歴

笹嶋宗彦（ささじま むねひこ）

1969年　福井県に生まれる
1997年　大阪大学大学院基礎工学研究科博士後期課程修了
現　在　兵庫県立大学大学院情報科学研究科/社会情報科学部教授
　　　　博士（工学）

Pythonによるビジネスデータサイエンス5
Webデータ分析　　定価はカバーに表示

2023年9月1日　初版第1刷

編集者　笹　嶋　宗　彦
発行者　朝　倉　誠　造
発行所　株式会社　朝　倉　書　店
東京都新宿区新小川町6-29
郵便番号　162-8707
電　話　03（3260）0141
FAX　03（3260）0180
https://www.asakura.co.jp

〈検印省略〉

中央印刷・渡辺製本

ISBN 978-4-254-12915-1　C 3341　Printed in Japan